更新知识地图　拓展认知边界

大象的政治

分层社会中的奋斗

Elephant Don

The Politics of
a Pachyderm Posse

Caitlin O'Connell

[美]
凯特琳·奥康奈尔——著

刘国伟——译

中信出版集团 | 北京

图书在版编目（CIP）数据

大象的政治 / (美) 凯特琳·奥康奈尔著；刘国伟译. -- 北京：中信出版社，2019.5

书名原文：Elephant Don: the Politics of a Pachyderm Posse

ISBN 978-7-5217-0312-2

Ⅰ.①大… Ⅱ.①凯… ②刘… Ⅲ.①长鼻目—普及读物 Ⅳ.①Q959.845-49

中国版本图书馆CIP数据核字 (2019) 第 058073 号

大象的政治

著　者：[美] 凯特琳·奥康奈尔

译　者：刘国伟

出版发行：中信出版集团股份有限公司

　　　　　（北京市朝阳区惠新东街甲 4 号富盛大厦 2 座　邮编　100029）

承 印 者：北京楠萍印刷有限公司

开　本：880mm×1230mm　1/32　印　张：9.75　字　数：140 千字

版　次：2019 年 5 月第 1 版　印　次：2019 年 5 月第 1 次印刷

京权图字：01-2018-2587　广告经营许可证：京朝工商广字第 8087 号

书　号：ISBN 978-7-5217-0312-2

定　价：42.00 元

目
录

亲吻戒指

在亚伯喝水时，威利把鼻子放进了亚伯的嘴里——
类似于握手，致敬，或亲吻戒指。

　　我坐在水坑边的研究塔中，品着茶，欣赏着傍午的风景。天空白花花的，一对肉垂秃鹫借着一股热流盘旋上升。一股小旋风卷起了沙粒、枯树枝、大象粪便，在盆地里打着旋儿，驱散了挡它道的一群珍珠鸡。除了大象，在穆沙拉水坑的大部分居民看来，这一天似乎还是老样子。对大象而言，一场史诗般的风暴正在酝酿。

　　在纳米比亚埃托沙国家公园我的田野研究点，2005 考察季正在开始。雨季刚刚过去。雨季的时候，来穆沙拉找水的大象会比现在多一些。致力于调查雄性大象社会动态的我很想知道，与在其他环境中相比，这里的雄性大象是否以不同的规则运作；与其他大多数雄性社会相比，这一雄性社会有什么不同。在众多问题中，我想解答的问题是，等级是如何被建立并维持的，以及占支配地位的雄性大象能够将其等级保持多久。

　　在观察当地雄性俱乐部的 8 名成员来这里饮水时，我立即注意到了某种不寻常的东西。那就是，它们没有表现出它们通常具有的友好姿态。群体的情绪无疑出了问题。

　　奥沙和文森特·凡·高是最年轻的两头雄性大象。它们不断转移重心，从一个肩膀到另一个肩膀，来来回回，似乎是向它们的中级和高级长者征询意见。它们中的一员偶尔会试探性地把鼻子向外拱，仿佛是要从一种从鼻到嘴仪式化的问候中获得安慰。

长者们完全无视这样的姿态，根本没有做出通常的反应，例如报以从鼻子到嘴的问候，或者把一只耳朵搭在少年的头或背上，而是密切注视着群体中最有权势的领袖格雷格。不知道为什么，今天它情绪不佳，走路的姿态就好像有蚂蚁正在它皮肤下面爬动。

像众多其他动物那样，大象形成了一种严格的等级制度，以减少稀缺资源引发的冲突，例如水、食物，以及配偶。在这一沙漠环境中，这些雄性有必要形成一种等级制度，以减少围绕着接触水，尤其是最干净的水而产生的冲突。

在穆沙拉水坑，最好的水是从一口自流井里涌出来的。从自流井里出来的水被注入安置在一个特定地点的水泥槽里。对于大象来说，清洁的水口感更好。由于对最佳的饮水点的使用是由群内等级决定的，等级的划分在绝大多数情况下变得相当简单，以一头雄性大象在和另一头雄性大象之间的竞争中获胜的次数为基础。获胜者要么会侵占失败者在水坑旁的位置，要么会迫使失败者移动到一个水质较差的地点。胜者会通过身体接触或视觉引导让失败者的行走路线偏离质量较好的水源。

辛西娅·莫斯（Cynthia Moss）及其同事已经摸清了母系家庭群体的统治情况。他们在安波塞利国家公园进行的长期研究显示，家庭的最高位置被传给了下一个最年长、最聪明的雌性大象，而非传给最具有支配性的个体的直系后代。雌性大象构成了广大的社会网络，家庭群体内部能够呈现出最牢固的纽带联系。然后，那个网络分成了不同的纽带群体，再往外分成被称作氏族的联合群体。这些网络分支在性质上是不固定的，一些群体成员走到了一起，其他成员则分散开来，加入了被称作裂变－聚变社会关系中有着动态属性的群体。

在社会生活中的雄性大象方面，除了乔伊斯·普尔（Joyce Poole）及其同事就发情期和一对一竞争行为所做的考察，还没有多少研究。我想摸清，在作为少年离开它们的母系家庭群体后，雄性大象的关系结构是怎样的。雄性大象的成年生活大多是在它们的雌性家庭之外度过的。我之前在穆沙拉度过的田野调查季里，已经发现，与在别处被报告的情况相比，雄性大象构成的群体要大得多，它们的关系也牢固得多。在干旱的年份里，与在别的研究地点被记录的情况相比，这里形单影只的雄性不太常见。

在穆沙拉的联合群体中，各个年龄的雄性大象非常亲和友爱。青春期的雄性尤其如此，它们总是互相触碰，经常保持长时间的身体接触。人们经常看到一群雄性大象一起行动。它们通常会从远方的一排树木中现身，就像一列灰色的大鹅卵石，行进中扬起大量尘土，然后慢慢走到人们眼前时，大家才能辨认出这是一群大象。它们往往也以相似的方式离开，正如雌性家庭群体所做的那样。

占据统治地位的雄性大象格雷格经常走在队列的前面。它的左耳朵下部有两个方形的豁口，很容易辨认。但是，还有一种更深层的东西让它非常显眼。这个家伙有着君王般的自信，这种自信展示了它的个性，让人大老远就能认出它来。它高昂着头，偶尔大摇大摆，是块当君王的料。其他雄性大象显然都承认它的君王地位。每当它昂首阔步来水坑旁饮水，其地位都得到了强化。

当格雷格抵达时，其他雄性大象慢慢后退，让它接触到水槽头最好、最纯净的水，每次都是这样。这种占上风的局面在早些时候已经确定，因为其他雄性大象几乎每次都没有发起挑战或竞争，就服服帖帖。水槽头相当于首座，显然是为等级最高的大象保留的。我忍不住把这头大象称作"王者"，因为它的下属排成一队，依次把它们的鼻子放进格雷格嘴里，就像亲吻一个黑手党教父的戒指。

我观察格雷格安顿下来喝水时，群内几头雄性大象依次靠近，伸出鼻子，战战兢兢，把鼻尖伸进格雷格的嘴里。这显然是一种有重大含义的行为，是具有象征意义的向等级最高的雄性致敬的姿态。在举行完这种仪式后，较小的雄性大象放松了肩膀，转到了大象社交俱乐部里等级较低的位置。每头雄性大象都会致敬，然后退下。这种行为每次都让我印象深刻。它好像在提醒我们，在世界上，我们人类社会的复杂性也许并不像我们有时候认为的那样特殊，或至少别的动物也可能同样复杂，将这种雄性文化渗透在仪式之中。

但是，今天，没有什么仪式能够让王者平静下来。格雷格显然有些焦躁。它动作剧烈，不停地把它的重心从一只前脚移到另一只前脚上，还把头转过去观察自己的后面，好像有人在酒吧拍了拍它的肩膀，要和它干一架。

在它们生气的王者面前，那些正在喝水的雄性大象感到紧张不安。每头大象似乎都在通过身体接触，展示和等级更高的重要个体的良好关系。奥沙斜靠在豁鼻身体的一侧。戴夫从另一侧靠了过来，把鼻子放在豁鼻的嘴里。最吃香的接触是和格雷格的接触。格雷格一般会允许低等级的个体在支配位置和它一起喝水，例如蒂姆。

然而，格雷格没心情做一般都会发生的那种亲切的"背部拍打"。结果，蒂姆没有表现出格雷格在场的情况下它通常具有的那种自信。它胆怯地站在水槽边等级最低的位置，吸着鼻子，好像没有王者的保

格雷格和凯文较量。两头雄性大象都直面对方，竖着耳朵。格雷格左耳边缘的裂痕使得它非常容易辨认。

护，它不知道怎样确认自己在等级结构中的位置。

终于，凯文迈着四条腿大步走了进来，所有的混乱得到了解释。凯文是位列第三的雄性大象。它的长牙分得很开，耳朵完好无缺，尾巴光秃，很容易辨认。它表现出发情期狂暴的迹象，尿液正从它的阴茎包皮滴落。它耸着肩膀，昂着头，准备和王者一决高低。

人们认为，进入发情状态的雄性大象要经历一种"大力水手"[①]状态，欲颠覆现有的等级支配模式。就连排在第一位的雄性大象，也不敢冒险挑战一头其睾丸激素相当于吃了菠菜的雄性大象。实际上，有

① 大力水手，美国卡通，主人公吃下菠菜后会变得力大无穷。——编者注

报告称，发情的雄性大象拥有的睾丸激素相当于平时它们血液循环中正常含量的 20 倍，就好像大力水手刚吃下一大堆菠菜。

发情状态可以通过一套夸张的挑衅动作表现出来，其中包括把鼻子卷过眉毛并扇动耳朵（大概是为了促进从颞部的腺体里分泌出来的发情分泌物的飘散），滴落尿液。它们要传达的信息相当于，"根本别想妨碍我，我烦着呢，我会把你该死的头拧下来"。这有点儿类似于丹尼斯·霍珀 ① 在电影里为争夺黑帮地盘与人谈判的方式。

"发情"（musth，是一个印地语单词，源自波斯语和乌尔都语单词 "mast"，意思是如痴如醉）首先在亚洲大象中被注意到。在苏菲派哲学里，"mast"（读音为 "must"）指的是心里充满对真主的热爱的人，他们在狂喜的状态中似乎丧失了判断力。大象的睾丸激素升高的发情状态类似于羚羊的发情现象。在一种持续整个分离季的相似睾丸激素高涨状态的影响下，成年雄性羚羊为了接触雌性羚羊而相互竞争。在发情季，咆哮的赤鹿和吼叫的麋鹿也会侵略性地击退其他发情的雄鹿，尽可能地把它们的妻妾搞到手并加以保护，以便与尽可能多的妻妾交配。

然而，说到大象，令人奇怪的是，群体中只有一部分雄性大象会进入发情期，并且是在全年的任何时候。这意味着，不存在所有雄性大象为争夺配偶而竞争的分离季。主流理论认为，这种雄性大象交错进入发情期的现象使得一些低等级的雄性大象变得非常暴躁，于是占支配地位的大象甚至在动情的、准备交配的雌性大象在场的情况下，也不愿意面对发情期同胞的挑战，从而让低等级的雄性大象获得暂时

① 丹尼斯·霍珀（Dennis Hopper），美国电影演员，擅长塑造反派角色。——编者注

的竞争优势。由此起到了按照基因库变化分配财富的作用，从而使占支配地位的雄性大象不会成为整个地区唯一的父亲。

鉴于已知的发情状况，我完全认为，格雷格的好日子要到头了。我阅读过的资料都暗示，当一头等级最高的雄性大象要和一个对手竞争时，那个对手往往会获胜。

对手获胜的概率之所以非常高，是因为雌性大象的发情期非常罕见。由于妊娠期持续 22 个月，幼象出生两年后才断奶，发情周期最少间隔 4 年，最多 6 年。与其他绝大多数哺乳动物社会的情况相比，大象社会为接触雌性大象而进行的竞争更加激烈。在那些哺乳动物社会里，几乎所有雌性都可以在任何一年中进行交配。仿佛是为了把问题进一步复杂化，性成熟的雄性大象不生活在母系家庭群体中，并且大象在搜索水和饲料上活动区域广阔，因此对于一头雄性大象来说，找到一头发情的雌性大象就成了一种更加艰巨的挑战。

在安波塞利进行的长期研究显示，较多占支配地位的雄性大象仍拥有优势，因为它们发情时，往往有较多的雌性发情。此外，这些雄性大象保持发情期的时间比更为年轻、不居于支配地位的雄性大象要长。虽然一般认为雌性的发情期并不同步，但较多的雌性往往在湿季结束之际发情，在 22 个月后的湿季中期生下幼象。因此，在这一主要时期发情显然是一种优势。

即使格雷格享有在雌性发情的巅峰期发情的优势，这也不是它的季节。按照主流理论，并且在这种状况下，格雷格将输给凯文。

当凯文漫步到水坑时，其他雄性大象退避三舍，仿佛想避开一场街头打斗。格雷格是个例外。格雷格非但没有后退，还尽可能把头昂得高高的，脊背拱起来，绕着那块洼地转了整整一圈儿，然后径直朝凯文走去。甚至更让人想不到的是，当凯文看到格雷格以这种挑衅的姿势向它走去时，它立即开始后退。

后退对任何动物来说都不是一种得体的过程，我也肯定从来没有看见过一头大象如此脚跟稳定地后退。但是，凯文却这样做了。它仍然迈着平稳、宽阔的步伐，只是方向相反，就像有一个四条腿的迈克尔·杰克逊在表演太空步。它以这样的意图和镇静后退，让我忍不住觉得我在看一段正在倒转播放的录像带。凯文迈着诺迪克跑步机风格的步伐，流畅地向着相反的方向移动，先迈一侧的脚，然后迈另一侧的，总是后脚先动。

凯文此时已经后退了 50 码（约 45.7 米），做好准备，摆出正面迎击攻击者的架势，而格雷格则让它的游戏加码。格雷格就像个拳击手那样喷着气，加快了步伐，尘土四起。就在够着凯文之前，格雷格把头抬得更高，发动了一次完全正面的攻击，朝胆敢冒犯自己的凯文猛扑过去，头向前伸去，准备互相厮打。

紧接着，它们两个强壮的头撞到了一起，尘土飞扬。它们的长牙相接，发出爆裂般的声响。它们的鼻子收在腹部下面，以避开碰撞。格雷格的耳朵被收到了水平位置，这是一种极具攻击性的姿势。它用尽身体的全部重量，再次抬起头，用断裂的长牙猛击凯文。随着凯文开始全面后退，尘土飞扬起来。

令人吃惊的是，虽然处于发情期的凯文体内的睾丸激素含量爆棚，可这个位列第三的雄性大象却在挨踢。一般来说，这种情况不会发生。

起初，看样子好像不会发生太多的搏斗就会结束战斗。然后，凯文开始反击，从撤退转向对抗，并且靠近格雷格，高昂起自己的头。它们的头此时排成了一条线，相距只有数英寸。它们的眼睛死死盯着对方的眼睛，再次摆好架势，肌肉绷紧。看着它们，就像看西部片里对抗的两个牛仔。

它们相隔数英寸，玩了很多虚假的招式、模拟的冲锋，挺着鼻子、躬着背，以各种方式发动攻击。有那么一会儿，它们似乎势均力敌，搏斗陷入了僵局。

但是，在坚持了半个小时后，凯文的力量和信心明显在渐渐消失。格雷格注意到了这种变化，现在它完全占据了上风。它迈着坚实的步伐向前，挑衅性地把鼻子拖在地上，继续用肢体语言威胁凯文，直到它们之间终于隔了一个人造建筑。那是一座水泥地堡，是我们用来进行地平面观测的。现在，它们更像两个相扑选手，跺着脚，好像在跳侧身舞，把它们的嘴向对方伸出，进行威胁。

两头雄性大象隔着水泥地堡对峙，互相摆姿势。格雷格在失望中把它的鼻子抛过了三米长的地堡，直到它终于能打破僵局，把凯文再次逼到了开阔地带。它们中间没有了障碍，凯文再也无法侧身撤退，因为那会把它的躯体暴露给格雷格可怕的长牙。它终于后退了，直到被逐出那片空地，挑战宣告失败。

用了不到一个小时，占支配地位的雄性大象格雷格就赶走了一头正在发情的高等级雄性大象。凯文的激素状态非但没能吓住格雷格，反倒导致了一种相反状态的发生，它的状态似乎激得格雷格发怒了。格雷格不会允许自己的权力被篡夺。

格雷格是否拥有一种超能力，而这种超能力在一定程度上胜过了发情期对凯文的影响？或者，它之所以能实现这一壮举，仅仅是因为它在它的兄弟帮里是最占优势的个体？认可王者权威的至高无上也许比亲吻戒指的代价更为高昂。

穆
沙
拉
之
旅

穆沙拉水坑边的穆沙拉塔和临时野外营地。那
是一个位于埃托沙国家公园东北角的一个饮水
点，不对游客开放。我们建造的观察塔为帐篷、
研究层、摄影／录音层提供了一个平台。

穆沙拉水坑是一片绿洲。在这里，动物的运动模式对时间推移的区分像太阳和月亮的循环一样可靠。白天，你可以看到种类惊人的野生动物：长颈鹿的脖子扰乱了地平线，雄性大羚羊和跳羚在空地里格斗，斑马曲折的倒影在水坑中央闪亮，凤头麦鸡和黑背麦鸡在边缘巡逻。

夜晚，你能够目睹性情乖戾的雄犀牛为争夺领地打得正欢，狮子悄悄靠近一个大象家庭群体，吓得后者赶忙护住它们的幼崽。这一切都是在黑曜石般的天空下发生的，而这片天空仿佛是宇宙的大门。银河那么明亮，它映在那片水坑里，好像直接落在了那片闪烁的白沙地上。

如果你想开车旅行几天，回来后冲个热水澡，使用冲水马桶，享用瓷盘端上的牛排晚餐，穆沙拉也许不适合你。然而，我发现，在这个遥远的野生动物圣地，总是跑到我牙齿间的沙粒跟米粒一样珍贵。

每年，在抵达穆沙拉之前，我们都要在首都温得和克（Windhoek）做准备，这些准备工作变得越来越稀松平常。我们先到五金商店买些螺帽和螺钉，又去贸易中心购入一大堆罐头食品和干货，最终，在水果和蔬菜市场采办数百磅土豆、冬南瓜、宝石南瓜、胡萝卜、洋葱、黄瓜和卷心菜后，我们终于可以出发了。

虽然不能获得我们想要的所有东西，但我们一向能得到什么就用什么。接下来，我的探险联队队长兼丈夫蒂姆和我会到机场接上我们的队员，并且只要日程安排允许，还会在当地的老乔啤酒屋，用围着一堆篝火的珍禽晚餐款待他们。第二天一大早，队伍会向北踏上旅程。

我们的科学考察第一晚通常是在奥考奎约（Okaukuejo）度过的。那是埃托沙的一个主要旅游休憩营地，也运营着一个小型研究营。在从温得和克驱车北行五个小时后，奥考奎约是一个不错的中途停留点，因为我们的研究地点太远，驾车一天无法抵达那里并建立营地。在奥考奎约的研究营停留也让我们有机会碰上当地的研究人员，并与他们协调我们的日程安排。那里还有一个泛光灯照明的水坑。到了夜里，水坑周围总是非常活跃。

如果能坐下那么一会儿，看着在日落时分映衬在粉红色背景里的大象，看着白尘悬浮在钙质结砾岩岩石地面之上，旅程中遭遇的挫折感总是一扫而光。白垩色的雄性大象站在水坑边，一头占支配地位的雄性大象总是会把另一头雄性大象从泉眼旁挤走。被挤走的大象会发出抗议的怒吼，但接下来会走向一个足够远的安全地点，再次开始饮水。如果我们运气不错，还能看到一个家庭群体进来喝水，这使得日落时分更加特别。

奥考奎约水坑的景象让人百看不厌。它真的变得越来越像一个家，让我觉得非回去不可。我已经在这里度过了我的 30 岁生日和 40 岁生日，明年还将在这里度过 50 岁生日。但是有时候，在为田野考察季做计划的艰难的几个月里，很容易让人完全忘记它的魔力。把即将到来的考察季的激动和期盼带回来的，正是这些在水坑旁的时刻。

　　黄昏时分，我们依依不舍地离开水坑，回到研究营，用蔬菜咖喱饭和蒸粗麦粉之类的东西做出一顿简单的晚餐。吃过晚餐后，虽然已经疲惫不堪，但队员们渴望第一次目睹黑犀牛，于是我们就开车返回那个泛光灯照明的水坑，来一杯匆匆的"睡前酒"。

　　2005 考察季刚开始，当我们抵达那个水坑时，看到两头雄性大象和七只黑犀牛。一次看到这种稀有物种的这么多个体，每个人都激动得透不过气来。由于公园里的大多数长椅早已被其他游客占据，我们不得不挤在一条长椅上观赏这一景象。

　　当我注视着一头皮肤粗糙、年老的雄性大象从它幽暗的倒影中喝水时，我拉上鸭绒夹克的拉链，想知道从那时起的两个月里，我会站在这里想什么。由于那是一个降雨量很低的年份，这一地区可供动物喝水的其他地方不多，我盼着这一季在穆沙拉水坑会发生很多事情。

　　尽管欣赏那头年老的雄性大象，欣赏它的自负、它的一切，但我发现自己的思绪又回到了我在奥考奎约度过的第一个夜晚。那是 1992 年的 6 月初，时间和现在差不多。我当时是一个昆虫学家，蒂姆和我刚从纳米布沙漠过来。纳米布沙漠的土鳖虫种类之多让我敬畏，它们的腿非常长，这使得它们的身体不会紧贴灼热的沙地，移动时好像一辆辆沙滩车。

　　此前的一个月，我们是在南非的卡鲁沙漠（Karoo Desert）和凡波斯角（Cape Fynbos）度过的，被冻结在时间里的恐龙脚印和只在教科书里读到过的地质构成让我们惊叹不已。太阳鸟在长长的喇叭状的石楠花中冲入冲出，它们金属般的蓝绿色翅膀在阳光照射下闪闪发亮。山龙眼花好似火烈鸟的羽毛。那些蜂蝇大小、形状各异，我以前从没见过。非洲的自然史和动物多样性"盗走"了我的其他抱负，让我再也不想到别的任何地方做研究。

当时，对于如何度过两种研究生学位之间的九个月假期，蒂姆和我没有特别的计划。我们只有一种想法，那就是开着我们的 1973 年版甲壳虫汽车，从开普敦一路开到肯尼亚。但是，在奥考奎约度过一个晚上后，我对非洲的渴望有了不同的形式。

在奥考奎约，整整一夜，我都看到这些幽灵般的白色庞然大物默默无语地来了又去。这促使我想在一种更加个人的层面上了解非洲。这片陆地看起来荒蛮，却又充满生命，完整无缺得令人惊奇，让我忍不住想成为一位在它里面行走的旅人。就在第二天，我的个人生活和职业生活的路线，以及我的事业接下来 25 年的形态，被彻底改变了。自愿在埃托沙生态研究所工作不到一个星期时，我们就获得了一份为期三年的为纳米比亚政府研究大象的合同。突然之间，我和大象的关系开始了，并且让我不断地回到这个地方，回到埃托沙的大象的身旁。

第二天清晨，在 6 月寒冷的空气里，我们早早醒来，匆匆地喝了咖啡，吃了饼干。我们停下来把我们在淡季储存在研究营的剩余装备打包，给我们从当地政府借来的卡车加油。

虽然刚开始行动迟缓，但我们的时间安排依然不错，在早上 7 点30 分离开了奥考奎约，只比在太阳升起时公园的开门时间晚了一个小时。我们要驱车三个小时，还要花很长时间搭建营地。我们一行三辆卡车，向东穿越公园。

1907 年，德国总督弗里德里希·冯·林德奎斯特（Friedrich von Lindequist）宣布埃托沙为禁猎区。埃托沙最初有 9 万多平方公里，包含周长 4590 公里的埃托沙盆地。埃托沙盆地是一个消失的大湖。公园的规模在随后的一个世纪里不断变化，目前的面积仅有 2.2 万平方公里，里面栖息着 114 种哺乳动物、340 种鸟类、110 种爬行动物、16 种两栖动物和 1 种鱼类。

公园相对平坦，只是在西部有些岩石断崖，不对游客开放。公园其他区域可以归类于动物栖息地，有环绕盆地的辽阔草场和灌木丛，有落叶的可乐豆木和各种灌丛草原，东北有树木沙草原。在树木沙草原上，较高的树木生长在深深的沙土中。这些较高的树木界定了猎豹的国度。

我们穿过了金色的哈拉里平原（Halali Plains）。定居的跳羚星星点点、散布在从近处到远方的地平线的广阔空间。车左侧远处的一次惊扰让大批跳羚"蹦蹦跳跳"地奔向了车右侧。它们头朝下，背部拱起，像爆米花那样嘭的一声径直往上跳，然后又嘭的一声落下去，反复做着俯身起跳的动作。它们毛茸茸的尾巴和背部的毛发竖立着，在远处闪着白光。我想象猎豹藏在一片片咯咯作响的银色豆荚灌木丛中（那是它们最喜爱的猎场），舔着嘴，想着抓一只一岁的跳羚当早餐。

我们继续行驶，看到角马蹲在辽阔的草地上，咀嚼着反刍的食物。斑马和它们的"妻妾"聚在一起。一些斑马的影子为躺在它们旁边的那些角马创造了一片阴凉之地。那些躺着的斑马将腿直挺挺地伸着，鼓着闪闪发亮的白肚皮，看上去好像刚刚开始尸僵。

即使身体状况不佳，斑马看着也很胖。这是因为它们为了吸取尽可能多的营养，会吃下质量不高的食物，而在这些食物发酵的过程中，在它们的肠子产生出大量气体。假如不是无意间惊动这样一只在路中间趴着、晒着太阳打瞌睡的生物，我肯定会怀疑它们是不是真的死了。

我们终于抵达了盆地边缘闪闪发光的钙质结砾岩地带，想在一个休息站停下来看一看。在那个休息站，旅客可以走出来，伸伸腿，上个厕所。上个湿季留下的泥泞的鸵鸟足迹被烤成了干透、爆裂的泥土，横亘在那一片远至目力所及、白得和空旷得令人难以置信的空间。远方朦朦胧胧，宛如海市蜃楼。那些鸵鸟足迹像是一头两趾恐龙留下的。这头恐龙从史前的酣睡中醒来，在这片荒凉的下沉深坑里漫步。

到了傍午，我们抵达了纳穆托尼（Namutoni）。那里有一个旧的德国堡垒，让人不由得想起欧洲抢夺非洲的那段喧嚣的过往。纳米比亚曾经是德国的西南非洲殖民地，"一战"后作为一个保护领地被转交给南非。那座砖砌的堡垒好似一座被马卡拉尼棕榈包围的白色城堡，与周边的长颈鹿和灌木丛显得很不协调。

我们在快速前进。在纳穆托尼，我们停下来，到当地的管理员那里登记。在获得热烈迎接后，我们转向北方，朝如同更新世的安多尼平原（Andoni Plains）驶去。

我们首先穿过了费舍尔水坑（Fisher's Pan）。在比较潮湿的年份，在一年中的这个时候，那里依然为火烈鸟提供庇护。但是，我们只看到了一对奇怪的雌麻鸭、一只棉凫、一些红嘴水鸭在浅滩跳动。

随着我们继续向前行驶，那片广阔的盆地迅速变成了矮树丛，然后又变成了更深的沙草原。在沙草原上，巨大的紫色豆荚树占据支配地位。奥万博人（Owambo）把这些树称作穆沙拉，我们的田野考察地点的那个水坑也因此得名。我们开始观察到这一地区的大象的一些活动痕迹，它们像是在尘土飞扬的泥土路上排成一排的巨大钙质结砾岩粪团。随着我们距离那个名叫萨姆克（Tsumcor）的水坑越来越近，粪团的数量也越来越多。萨姆克水坑是大象喜欢的休憩处。但是，当我们驶上通往那个水坑的小径时，只看到一只雄性捻角羚。它的角形成了三个完整的长螺旋，伸向空旷的天空。

　　中午时分，我们抵达了通向穆沙拉和卡米勒朵灵（Kameeldoring）的那条防火带道路。车向右转，进入一条幽深的沙土小道，司机紧握住方向盘，采用四轮驱动。沙子太热了，被辗在车轮下给人的感觉就像糨糊。我们在那条小道上颠簸，直到抵达一个沙土很厚的 T 形交汇点。我们在这里转而向北，朝穆沙拉驶去。

　　随着我们接近穆沙拉，可以看到远处的我们的观察塔。它仅仅高过树木线，勉强能够被看到。塔身倾斜得非常严重。这是大象们的恶作剧，观察塔显然正在被它们毁坏。我感到必须在不远的将来再建造一座新塔。但是，现在，鉴于我们经济状况非常紧张，时间有限，只能凑合着工作了。

　　虽然如此，我仍觉得心头一沉。尽管我已经将工作安排好，至少我们已经预料到，也考虑到最糟糕情况下的方案，带了修缮所需要的一切东西。我们也可以利用公园的研究技师约翰内斯·凯普纳（Johannes Kapner）的技能。在公园里工作的这些年里，他参与了在有众多大型动物的偏远地区建造和维护建筑的工作。他知道在这样的条件下大象的好奇心会让它们做出什么事，也知道怎样根据实际情况设计研究营。

　　我高兴地看到干季迁徙已经开始，这从散落在整个空地上的大象粪便的数量就可以看出来。我计划取回粪便做激素分析和基因样本，但从已经散落在那个地点周围的粪便数量来判断，我将遭遇挑战。珍珠鸡非常喜欢用大象的粪便做尘浴，喜欢吃大象粪便里数量众多的半消化草籽，并且它们一直在用那些香甜的粪便弄皱它们的羽毛短裙。

　　转向左边，我发现一对狮子正在灌木丛里休息。我们抵达时，它们抬起头，用金色的大眼睛盯着我们。但是，它们很快又低下头，闭上眼睛，对我们的到来不感兴趣。

卸车的时候，我们让一个人放哨，因为我们很容易全身心地投入营地建设的任务，忘记警惕狮子的必要性。幸运的是，狮子在白天和在晚上大为不同，那对打盹儿的雄性和雌性狮子依然待在那里，很可能对它们自己的配偶比对我们更感兴趣。

在卸了一些工具箱后，我们开始观察塔的扶正工作，利用一台车、一架绞车和一根结实的长杆来支撑倾斜的一侧。然后，我们扶正了营地的四根金属角柱。大象喜欢用这些角柱蹭痒痒，我们不得不在每一季开始时把它们扶正，从无例外。

让营地启动并运行的下一个任务是给营地围上博马布。这是一种重量轻、不透明、黄褐色的材料，我们用它来挡风、挡视线。两米高的博马布隐藏了我们整个季节的移动和活动。这样一来，我们既不会打扰它们，也不会让它们注意到我们。具有讽刺意味的是，人类在这里用博马布围住的是我们自己，而非野生动物。

长颈鹿尤其容易因为任何不寻常的活动而心神不宁。它们敏锐的视力既可以让它们隔很远就看到彼此，也可以让它们评估风险。任何不正常的活动都有可能让它们在空地边缘等上几个小时，直到发现它足够安全，可以接近水源。此外，由于脖子长，它们喝水时不得不处在一种易于遭受攻击的位置，所以在喝水前，它们需要确定环境是安全的。我们使用博马布既可以让它们感到不那么紧张，也可以顺利开展研究活动。

整个早上，我们定期查看那对度蜜月的狮子，但由于相比对我们，它们显然更关注彼此，我们对它们的存在变得更安心了。那头雌性狮子偶尔会背朝下躺着，爪子朝天，没有显示出任何对我们正在建设的营地感兴趣的迹象。

到了下午晚些时候，我们已经给那四根沉重的金属角柱缠了五股金属丝，用来系住我们的布，把 10 米 × 10 米的营地围起来。我们也在中间埋了一些木桩，以增加支撑的力量。然后，等风停了，我们就把那种布固定在了围绕整个围栏的金属线上。

在户外挖了一个长深洞做厕所后，我们装配了厨房帐篷、桌子、餐具、冷却器、铸铁壶，存放好了用来做饭的一切物资，其中包括 200 磅南瓜。在一个没有冷藏设备的地方，这是最好的新鲜主食。

在此前那些年里，当目睹大象突袭津巴布韦的维多利亚瀑布附近的营地，寻找土豆、南瓜和柑橘后，我不知道那些定居的大象会怎样对待南瓜。穆沙拉的大象似乎还没有干过这样的坏事，然而我仍然小心地照看着那些新鲜的水果，因为我知道，在这片贫瘠的土地上，那将成为非常有诱惑力的食物。

最后，我们搭建起屋顶帐篷的平台，离地两米高，并且把帐篷安放到位。随后，我们各自搭起个人的帐篷，并且趁着天还没黑，从包裹里取出了一些基本生活用品。完成绝大多数艰难的工作，并且着手布置我们舒适的小家，它令人感到安慰。在接下来的两个月里，我们将生活在这间小家里。

等到我们完成，天也要黑了。匆匆吃完大米和罐装蔬菜咖喱饭晚餐后，我们坐在塔上，沐浴着悬挂在那片土地上的一轮半月散发的银光。那对狮子过来检查了我们的挖掘工作。它们在营地前享受了一会儿蜜月时光，雄性狮子亢奋的射精听上去很像反刍。

我们没等那对狮子完事就上床睡觉了。在夜晚剩余的时间里，每隔六分钟左右，它们嘈杂的交配活动就会干扰到我们。由于排卵是由交配引发的，雌性狮子对交配兴趣强烈，差不多要交配 1000 次之多（据报道，在一头雌性狮子发情周期里，交配次数多达 3000 次），并

短尾巴自豪地准备晨猎。

且还有效果方面的要求，让它的伙伴精疲力竭。但是，这种兴趣有重要的进化价值。

凌晨也充满了一窝鬣狗的号叫。这窝鬣狗刚在这一地区安顿下来。虽然晚上睡不踏实，但营地终于井然有序了，结果那夜成了我数月以来休息最充足的睡眠。

第二天早上，吃过早饭后，我们开始为那座塔构建第二个平台。虽然我主要集中于研究雄性大象间的社会互动，但也计划就大象的回声定位和震动通信持续开展实验。搭建塔的第二层，可以让我们的研究助理收集行为数据，同时不知道我们回放实验的时间选择和内容。刚搭建好二层地板，我们就安装了一个滑轮系统，把桌子、椅子、设备拉上观察平台和研究平台。

接着，我们开始安装太阳能充电系统。这套系统由两个 80 瓦的太阳能电池板和六个汽车电池构成。塔每层一组电池，还有一组电池用于地面。我们将依靠这些可充电的电池为录像和照相机电池、电脑充电，为我们的 12 伏小冰箱提供电力。我们在小冰箱里放了一些珍贵的奶制品和冷饮，好在日落时喝。当地人喜欢把这些东西称作"日落饮料"。那些电池也被用来运转我们安装在地面上的大象粪便干燥器。这种干燥器有些像用来给水果脱水的干燥器，安装着分开的干燥架和编号的筐子，以便在干燥的过程中辨别各头大象的粪便。

在接下来的几个星期里，我们缓慢地建立起定居大象身份簿。定居的大象有 50 头，我们通过各种体貌特征和大约年龄来识别它们。我们把它们分成了 1/4 大、半大、3/4 大、完全长大的雄性大象。我们还给每头雄性大象编了目录号，给它们起了名字。它们的名字要么指示着它们的体貌特征，要么指示着它们的总体个性。

对于未经过训练的观察者来说，雄性大象看上去差异不大，都是大块头，灰颜色，有长鼻、长牙和尾巴（当然，如果勃起的话，还可以看到它们有很大的阴茎）。一些雄性大象明显较大，一些明显较小，还有一些的长牙比其他的雄性大象更大。但是，如果更仔细地调查，每头雄性大象都有着独一无二的体貌特征。有一成不变的耳朵缺口模式、长牙形状、尾巴毛模式，以及其他特征。这些特征在个体中存在或显著或微妙的区别，使我们能够把它们区别开来。

我们用激光测高仪来测量它们肩膀的高度，其高度依次和牙齿磨损、臼齿数量、最佳的估计年龄成一定的比例。大象一生要长六口牙，但无论什么时候，每扇牙里都只有三颗臼齿。在五六十岁的时候（取决于栖息地和可获得的食物类型），大象会换最后一口牙，但它们最终会磨损并且脱落。到了那时候，它再也不能咀嚼食物了，并且离自然死亡还很远。于是，从以前就大象的牙齿怎样随时间推移而磨损所做的研究工作中，其他研究者发展出了一种把牙齿磨损和肩宽联系起来的比例关系。这一数据使我们通过测量肩宽，就能比较准确地估计出大象的年龄。

在大象离开那一地区时，我们也通过个体脚印来测量后脚间的长度，以便更精确地确定年龄，因为后脚的长度也和肩宽相关，这两种测量的结合似乎比只采用一种更有代表性。没有切实可行的办法来测量活着的大象的牙齿（除非把大象麻醉了，然后制作牙齿的石膏模型），因此只能退而求其次，采用其他办法。

我们继续构建象群行为谱。所谓行为谱，就是对可以归入有亲和力、挑衅、安乐等类别的行为和生殖行为的登记和描述。我们使用了一种名为诺达斯观察者的行为数据库软件，这种软件使得我们可以一边观测，一边把雄性大象和它们的行为立即输入一个电子数据记录器。

地堡距离水坑 20 米，并且被掩埋了，提供了一种类似军事上从地平面上进行观察的碉堡视野。有时候，野生动物对地堡里的占据者更感兴趣。

当有 12~15 头的一大群雄性大象一下子进入我们的研究空地并且有可能待几个小时的时候，这就显得特别重要了。这些意料之外的访问可以让我们完整地记录每头雄性大象的一整套行为。

这与我们以前就大象家庭群体开展的工作形成了鲜明的对比。那种工作更具有挑战性，因为大象往往是出现、喝水、离开，整个过程持续约 15 分钟，很少有超过 30 分钟的。除了在接近水质最佳的水上引起的冲突，我们还没来得及观察并记录关键的社交互动，整个家庭群体就又离开了。更何况，这些来访通常在天黑之后，并且是在极为寒冷的条件下。

　　我感觉在上午 10 点到下午 6 点这几个小时里，雄性大象在水坑边的行为显得更加文明。有时候雄性大象选择闲逛，并在天黑之后和雌性大象混在一起。一头发情的雄性大象积极寻找发情的雌性大象的可能性总是有的，但除了这一点，闲逛行为更可能是表现出水边警戒程度的变化。白天雄性俱乐部时段和夜晚以家庭群体聚集为主的时段间，水坑边警戒程度的差异使大象在这一区域来回移动。

　　我们的新研究焦点意味着，在漫长的行为观测期间，我们暂时不用戴帽子、头巾、手套，不用考虑夜视仪，而是要涂更多的防晒霜，录制更多的录像带，绘制更多的粪便图，付出大量的耐心。要不了多久，一众演员就将在我们面前粉墨登场。

戴着王冠的头颅

在一个炎热的下午，一个扩大的大象结合群体
抵达了水坑。当时，圆月尚未升起，大象的往
来还没有重新开始。

　　当两个有联盟关系的家庭抵达水坑时，就好像人类社会中的家庭团聚时主人打开了前门。小孩子从大人胯下钻过，直奔娱乐室；大人站在那里，参与迎接仪式，握手，触碰，激动地寒暄，等等。有一次，我正在忙着设置照相机，试图捕捉一次十分壮观的日落，突然听到远方传来一声哀号，似乎来自一头遭受挫折的年轻雄性大象。它远远地站在它的家人前面，等着继续前进的指示。

　　年轻的大象在它的前腿之间转移了一下重心，回过头去，想看看空地西南方边缘的一群灰色的影子是否有移动的迹象。这头身材瘦长的年轻大象的行为就像一名小学生，在焦急地等着它的伙伴，好尝试一个新的拳击动作。然而，它的母亲对它设置了一种无形的束缚，它犹豫要不要打破这种束缚。它好像在尽可能阻止自己冲在群体的前面，而群体则似乎在等着一种可以安全地继续前进的信号。在此期间，我还看到另外一群大象正在从东南方向走来。

　　还有几头年轻的雄性大象挤在最勇敢的那头年轻的雄性大象后面，用它们的鼻子把尘土径直扬向天空，扬过它们的背。它们在等着继续前进，和另外一群大象汇合，落日的余晖碰到空中飞扬的沙土，恣意的晚霞里那些年轻的大象看起来周身闪耀着光芒。

观察这些年轻的雄性大象在它们的家庭内互动具有新的意义，因为我们正在集中精力研究雄性大象社会。我发现自己正在思考自然和养育的关系。成年大象的行为有多少是纯粹的禀赋，又有多少反映了小象在其家庭中受到的教养？由于雄性大象出生在关系紧密的家庭群体之中，和妈妈、兄弟姐妹、姑姑姨妈、堂兄弟姐妹一起长大，群体里有一个祖母，也许甚至还有曾祖母、高祖母。这些年轻的雄性大象必然带着它们以前在家庭生活中获得的社会经验进入成年。

我们也许不可能完全了解性格特征和过去的社会经验究竟怎样影响和其他成年雄性大象的关系，但我们尽可能地加以记录。为了了解一头特殊的雄性大象的性格，我打算了解其独立之前的家庭生活的情况。

我尤其想了解一个大象母亲或雌性家长有可能怎样塑造一头雄性大象的性格。我们很容易看到，对于一个在群体中高等级的母亲的幼崽来说，在群体中会受到很多优待。反过来说，如果母象的等级不高，生活就可能不那么容易。不妨设想你在一个家庭长大，而你哥哥是周边地区的一霸。如果他愿意保护你，那可能是一种优势，尤其是对他的报复的恐惧有可能会让其他潜在的霸凌者不敢对你轻举妄动。但是，如果你的哥哥欺负你呢？那么，你就不仅要应付来自家庭外的所有霸凌者，还要应付来自你自己家庭内部的霸凌者。

例如，我们一直在跟踪一头名叫怀诺纳的雌性大象，它有一个6岁~8岁的雄性幼崽。有一天，我注意到它在和高等级的苏珊对峙。苏珊正在观察怀诺纳和它的儿子。怀诺纳的幼崽仿佛是名外交官，一直在主动和苏珊接触，在我看来它似乎在做出一种安抚的姿态。

我想知道，在怀诺纳的幼崽离开家的保护之后，怀诺纳的性格有可能对它产生怎样的影响。有时候，这头年轻的雄性大象会看到，在面对攻击的高等级家庭成员时，它的母亲非常强势，为了维护子女挺身而出。还有一些时候，它看到自己的母亲为了避免对抗而选择逃走。在它长大之后，会选择效仿哪种榜样呢？它会从观察母亲的勇敢行为中学会怎样变得过分自信，还是与一头在其母亲一向受到尊重的环境中长大的雄性大象相比，变得不太自信？

远处传来年轻的雄性大象的更多哀号，把我的思绪带回了现在。它们的意思似乎很清楚："为什么妈妈非得等那么久，才决定迎接我们的亲戚，让它们喝水？""它在等什么呢？""快点儿吧，妈妈！"

我有着相似的沮丧：为什么大象非要等到太阳落下的那一刻，才决定从隐藏处走出来？在暮色中，剩余的光线太暗，没有夜视仪就拍不了照片，也不能录像，这让我们确定和识别大象群时变得更加困难。更加让我们沮丧的是，只有在夜幕的掩盖下，穆沙拉的雌性大象才会安心地靠近水边。当然，在这种特殊的状况下，雌性大象如此谨慎是因为另外一个正在聚集的群体也许不是亲属家族，那种犹豫也许反映了对正在靠近的象群是敌是友的评估。

虽然多年来研究在夜晚抵达的群体充满挑战，但我们正在慢慢地了解这些大象家庭，掌握光顾穆沙拉水坑的家庭群体之中和之间的动态。我们根据它们雌性家长的特征，命名了很多家庭群体。在那些只是偶尔光顾穆沙拉的群体的头领中，有左勾、左牙、歪尾巴、皱耳朵；在率领来的次数比较频繁的群体的头领中，有弯耳朵、裂耳朵、妈咪，以及怀诺纳所在群体的女王。对于那些光顾频繁的群体，我们自然非常熟悉。

有时候，三四个甚至五个大象群同时到来，最多时会聚集200多头大象，场面非常混乱，但即使如此，一种清晰的等级也会在家庭群体中迅速显现。举个例子，此前的一个夜里，三个群体同时抵达水坑，分别是左勾、左牙、歪尾巴群体。左勾家庭率先抵达水槽，但迅速被左牙家庭挤开。左牙家庭占据了水槽头的位置，并且在它们光顾期间始终没有受到挑战。

当左牙家庭终于离开，左勾家庭重新夺取了对水槽头的控制，使得歪尾巴家庭一路转移到了水坑周边。歪尾巴家庭被迫站在空地的东南方，挤作一团，吵闹，直到轮到它们喝水。等左勾象离开后，低等级的歪尾巴象终于占据了水槽头。

其他研究表明，一个扩大的家族里存在一些高等级的家庭，暗含着一种血统体系，或一种"王室"特质。我们对一些雌性大象群的性格特点或"个性"的观察似乎支持了这种假说，即"王室"可能在这种母系社会里扮演着某种角色。

由于满月，天黑后收集粪便变得更加安全、容易，我们幸运地从左勾和另外两个群体成员那里取回了粪便激素和 DNA 样本。通过从这些不同的群体收集粪便 DNA，我希望能够拼凑出一个家庭谱系，并且断定，和那些年龄相仿但与最具支配性的家庭关系较远的家庭相比，占支配地位的雌性大象的近亲或最具支配性的家庭群体的延伸成员是否具有更高的社会地位。

尽管我们希望在一个家庭内部也发现一种等级制度，但不确定在一个群体中，那种等级制度究竟由严格的家庭界限决定，还是由年龄决定。由于其他研究者已经证实，雌性家长地位由年龄次长的大象继承，那么理所当然，群体中个体的等级也是以年龄为基础的，而非以血统为基础。不过，直到我们分析了样本，才确切地知道了这一点。

虽然 6 月很狂乱，有那么多群体一起到来，混乱无序，并且通常是在天黑之后出现，但到了 7 月，群体抵达的间隔比较开了，一些离散的家庭主动前来。这使我们能够做团体构成，记录每个群体中有多少完全成年、3/4 成年、半大、1/4 以及幼崽个体，记录每个个体的性别。如果我们运气不错，还能记录家庭内部的成年雌性大象之间的优势互动。

在经过仔细观察后，我们发现雄性大象不是群内仅有的霸凌者。我们已经目击过数次雌性家庭成员中的霸凌迹象，其中一个令人心酸的例子是大象们怎样对待年迈的皱耳朵。有几次，我们目睹了家庭中一头比较年轻的雌性大象把皱耳朵从水坑边推开，强迫它站在一边看大家喝水。当这种情况发生时，其他家庭成员缺乏亲和姿态，并且它们的身体语言显示它们不在意它。皱耳朵显然有几个 3/4 大的儿女和几个比它年龄小的表亲，但它自己在等级中的地位下降了。

皱耳朵清晰可见的残疾（它的左耳里完全没有软骨）也许只是它的一种不利条件。它也许因而听力受损，并且还有别的一些残疾，影响到了它正常交流的能力。

科学家的主流观点认为，一旦某头雌性大象成了雌性家长，它就会任职终身。但是，如果说它有一天终将再也担负不了团体领导者的职责，那么这种说法是合乎情理的。作为领导者，就要就一些问题做出正确的决定，比如到哪里找吃的，什么时候靠近水坑比较安全，象群和狮子之间的距离什么时候是非常安全的。

在观察豁耳朵时，我开始思考这些问题。豁耳朵是一头非常老的雌性大象，尽管块头最大、年龄最长，但显然没有担任领导。几头比较年轻的大象显得警惕、果断得多，家庭的其他成员好像是从一个实际掌权的雌性家长那里接受指示，而非从豁耳朵那里。如果团体中最年长的成员会一直是雌性家长，那么豁耳朵为什么不担任领导呢？

豁耳朵难以跟上团体的其他成员。此外，它似乎也和其他成员没有什么接触，就像我们从其他成员对待它的方式上推导出来的结论那样。在抵达水坑时，豁耳朵似乎并不知道去那里的正确仪规，会被轻轻地推到一边。

情况很快就表明，豁耳朵不仅没有处于支配地位，而且似乎完全不关心它周围发生的事。考虑到大象毕竟是寿命长、聪明的社会性动物，就像人类那样，这是合乎情理的。它们的长者可能也遭受了某种类似老年痴呆症的折磨。

与我目睹过的皱耳朵的情况相比，没有哪头大象对豁耳朵表现出攻击性。它们在对待它的问题上显得更加谨慎，和它拉开距离，或最多轻轻地推它。我想知道皱耳朵的境况如何，她是否还在领导象群，哪些事件可能导致另外一头大象接替它的位置。

在大约五年时间里，我们的确有机会实时看到这种过渡。所涉及的雌性家长名叫瘤鼻子，是附近的卡米勒朵灵常住居民。随着时间推移，瘤鼻子变得越来越虚弱，仅次于它的最具有支配地位的家庭成员炸面圈接过了领导职位。

除了等级，育儿策略也千变万化，对小象的社会经验也会产生影响。2005 年，在一次混乱的水坑到访期间，我碰巧发现歪尾巴家庭的一头幼象跌入了水槽。我惊奇地看到，所有群内成员都乐于用鼻子裹住小象，把它拉出水坑。

奇怪的是，它的母亲好像根本不想让它们提供帮助，它把所有的帮助者都赶走了。它的母亲站在那里，看着幼象高举着鼻子在水槽里游，好像在给幼象上第一节游泳课。其他大象忧虑地看着，急于介入。

最后，当幼象游到水槽的尽头，试图自己从坡道上来，它的妈妈伸出鼻子，把它的小屁股推出了水。之后小象跑向了一个姐姐或阿姨，似乎要寻求安慰。我们看到，那个亲戚把小象塞到胸部下面，用鼻子卷着它，好像在抚慰它。

虽然我根本不可能确定我正确阐释了我看到的现象，但我最初认为那位母亲很冷酷，然后又觉得它可能是在惊慌之中昏了头，最后推测她也许的确在就那一点给它的孩子上课。我们不是也都接受过我们母亲给我们上的自立课吗？

那一考察季的晚些时候，在妈咪群体中发生了一次与之相似的营救，其中三个成年雌性大象立即跪在一起，用鼻子把幼象托了出来。对于家庭里的雄性大象来说，这种明显不同的、合作的营救策略也许导致了一种迥异的性格结果。如果能看一看那头任其沉没或游泳的幼象是否成长为一头更自立的大象，将是一件很有趣的事情。

早在 20 世纪 70 年代，研究者就把自立等动物性格称作"个性"。20 世纪 90 年代，动物个性研究模仿了人的个性研究，利用了所谓的五要素模式，把个体纳入被宽泛界定为外向性、顺同性、严谨性、神经质、开放性的类别之中。我希望在研究中如法炮制，并且想看看能否通过其雌性家庭成员的个性，预估一头雄性个体的个性。我也希望知道获得支配地位是否需要符合一种特殊的个性标准。

我希望时光能够倒流，让我知道凯文的教养是怎样养成的。在第一章中，凯文试图取代占支配地位的王者，结果失败了。凯文成为一个霸凌者是由于一种消极的社会环境，还是由于一种太易相处的环境？更重要的是，格雷格登上雄性大象等级制度的巅峰，是由于此前拥有的积极经验多于消极经验，还是恰恰相反？又或者，是由于均衡地拥有了二者，从而在政治上很精明，足以通过谈判登上最高的等级？

　　在一个占支配地位的家庭长大的一头雄性大象最后会在它的单身汉群体里占据高位吗？我们的发现也许能很好地解答那个问题，即：王子长大后是否总是为王。

加入雄性俱乐部

年轻的刚果问候年长的蒂姆（正对面）和威利。一些比较年长的雄性大象愿意和年轻的雄性大象互动，而非无视它们。刚果可能刚离开它的家庭，正在成年雄性社区中寻找友谊。并非所有成年大象都愿意接纳年轻大象。

一天傍晚，在日落时分橘黄色的光芒中，一头年轻的雄性大象从东北方向水坑走了过来，鼻子微微摇摆，就像一个体态曼妙的女子。当靠近水边时，它膝盖周围耷拉的皮肤和拖沓的步态让它看上去像个穿着宽松的高帮运动鞋的孩子，宽大的牛仔裤拖在地面上。从它的块头看，这个还没到青春期的家伙似乎太年轻，不可能独立活动，然而它就在那里，好像对没有同伴毫不在乎。

在这个年龄时，一头大象只是刚刚开始发展独立于家庭的倾向，到一个水坑边喝水或离开的时间要远早于或晚于它的亲属。这头大象看上去显然很年轻，不足以切断与家庭的关系。有时候，雄性大象8岁就可以离开家庭，但一般来说，它们会在12岁～15岁离开它们诞生于其中的象群。这个家伙看上去略小于12岁。如果它是自己来的，那么它很有可能还没有找到小伙伴来陪伴自己。

它来到水坑边，把鼻子浸入水中，掠过水面，然后喷出一大股水。我猜测它有很长一段时间没喝水了，因为通常只有在极端口渴时，大象才会清洗鼻子，清掉尘土，然后喝水。

在这头年轻的雄性大象喝水时，我一边不停地朝小径张望，有点期待看到它的家庭出现，一边简要地就它的外表记着笔记。它的右牙略高于左牙，牙尖断了，左耳中央有一个新月状的小缺口。最引人注意的是，与别的所有常住大象的耳朵相比，它的耳朵相对于它的身体要小得多，这让它看上去像一头来自刚果的森林大象，而非一头草原大象。

有观点认为，在森林环境中进化的大象耳朵小，因为与在南非、东非比较辽阔的草原进化的大象相比，它们不需要那么多的面积来进行热量交换。此外，草原大象的大耳朵起到了射电抛物面天线的作用，用来收集来自环境的声响。由于厚厚的植被分散、衰减声音，较大的外耳或耳郭在森林环境中的声音定位效果不佳，更何况这样的大耳朵也妨碍在森林里活动。它非同寻常的小耳朵立即让我想起了刚果这个名字，不久之后，我又想起了刚果·康纳这个名字，因为它让我想到了我在滑板公园里表现自信的小外甥。

刚果那么小，我不由得想知道它是如何做到不被狮子和鬣狗捕杀的。它那种年龄最容易遭受狮子的攻击，因为这么大的小象可能会偷偷地从为其提供保护的母亲和警惕的雌性亲属身边溜走，然而却不懂得如何保护它自己。由于那一年狮子和鬣狗的数量大增，刚果·康纳也许在旅程中已经碰到过它们。实际上，它尾巴上的一些毛看样子被拔掉了，也许它刚与一些野心勃勃的鬣狗遭遇。鬣狗一般也就能把大象的尾巴毛扯掉，造成不了更大的伤害。

在我观察刚果喝水的时候，它的身体语言表明它通常比较放松，比较自信。那些来水坑喝水的年轻大象经常扭过头张望，有时候甚至喝到一半，让水从它的鼻子里涌出来，这样它就能够嗅闻周围的气味，防备它的家庭的其他成员的到来，或某种麻烦的到来。然而，刚果仿佛不在乎它周围的环境。它为什么这么放松呢？

　　在描绘它可能的过去时，我假定刚果是在奔跑中出生的，这也是经常发生的情况。整个家庭围成一圈儿，等着小家伙降生，但等它湿乎乎地落在地上时，站在周围的大象就没多少了。要不了几分钟，幼象就会站起来，紧挨着它的母亲奔跑，晃动耳朵，甩动柔软的鼻子。要不了几个小时，小象就可以吃奶了。

　　在最初几个星期里，它们逐渐能够控制自己的鼻子。从体力角度讲，这些最小的大象发出咆哮和怒吼似乎是不可能的，但从进化角度却能解释得通。如果在一次混乱、匆忙的出发期间，一头小象落在了后面，只要它怒吼一声，一支救援队就会迅速赶来。随着时间流逝，小象的乳牙长了出来，然后脱落，被永久的长牙取代。年轻雄性大象的长牙生长速度比雌性快。对于判断幼年大象的性别来说，这是一个有效的特征。

　　在兄弟姐妹、堂兄弟姐妹间成长的年轻雄性大象似乎喜欢彼此的陪伴。它们花大量时间在一起嬉戏，拂去尘土，打闹，在泥土中打滚儿，在水里格斗，似乎陶醉于作为社会性哺乳动物的那些简单的快乐。

　　年轻的雄性幼崽有时候会冒险和较大的雄性大象打架，结果只能掉头就跑，躲在母亲的腹部下面。在它们遇到麻烦时，姐姐们通常会照料它们。在它们被从泥坑或另外一头幼象的欺负下解救出来时，姐姐们会安慰它们。

　　随着一头雄性大象年龄渐长，它变得越来越独断，开始尝试摆脱母亲和姐姐的管束。当抵达水坑时，它甚至还会和其他动物较劲儿。我曾经见过年轻的雄性大象散布在一个充满斑马的水坑里，显得很快乐，仿佛正在第一次发现它们与生俱来的力量。如果愿意，它们甚至能赶走那个地区所有的珍珠鸡。

当别的动物在一头年轻的雄性大象发出的如此挑战下落荒而逃时，雄象的自信心会逐渐增强，然后它甚至有可能变得不只是发出威胁。随着时间流逝，年轻的雄性大象开始骚扰它的姐妹和姑姑，模仿被称作攀登游戏的性活动。最后，它们的母亲和姑姑们忍无可忍。雌象们也许会教训年轻雄象一下，用长牙狠狠地戳它，让它号叫着躲到它们够不到雌性大象的地方。

但是，冲突很少就此终结。年轻的雄性大象继续挑战规则，惹麻烦，其中包括挑战占支配地位的雌性大象对优质水源的使用权，直到家庭里的成年雌性大象受够了。到了那时，那种感受也许是相互的。在几个月的时间里，青春期的雄性大象对独立的需要和家庭对秩序、安宁的需要似乎集中到了一起。年轻的雄性大象离开了。但是，离开家庭的舒适和安全并不那么容易。当一头年轻的雄性大象到了走自己的路的时候，那似乎是它生命中一种巨大的调整。

观察刚果喝水的时候，我好奇于它将怎样和定居的雄性俱乐部互动。他是在俱乐部的某些成员刚离开之后抵达的，但并非所有成员都已经露面，因此我估计还有更多的雄性大象正在赶来。在它们似乎排外的俱乐部中，它们会怎样对待这个新来者呢？

我的问题即将得到解答。另外一头雄性大象——孩子比利，正在从西南方向靠近。比利也是一头年轻的大象，脾气不错，是雄性俱乐部老成员们喜爱的攻击目标。比利甚至比刚果还小。从它们肩膀高度的差异来判断，比利大约八九岁的样子。它好像满足于它在生活中的好运，习惯了和那些较大的雄性大象在一起，虽然它们有时候会揍它。

就像雄性大象的习惯那样，刚果刚一看见比利，就停止了喝水，背对着比利。当一头占支配地位的雄性大象正在靠近一个支配性较差

一头年轻的雄性大象用靠近另外一个物种来检验自己的优势。

的大象时，往往会做出这种行为。背对着正在靠近的大象似乎是一种服从的标记。但是，比利的等级不可能比刚果高，因为比利明显更年轻。至少是在这种年轻的年龄上，等级往往和年龄成正比。也许是因为这对于刚果来说是一个新地域，它默许了新来者的闯入。

雄性大象好像能敏锐地感觉到其他大象的到来。由于它们一般都会核实新来者，我确信刚果正在注视着比利的一举一动。相比较而言，比利好像并没有受到刚果在场的干扰。一抵达水坑，它就开始在新鲜水的流出口喝水。

刚果现在转过身来，靠近比利。它开玩笑地用鼻子卷住比利的前腿，就像两个男孩子在开玩笑地互相绊腿。比利给刚果腾出地方，它们面对面一起喝水。很显然，到了这时候，它们即使还没有成为朋友，也至少彼此亲切以待。

比利时不时地冲刚果摆尾巴，刚果也同样以对。刚果把鼻子伸进了比利的嘴里（对于大象来说，这相当于握手），然后抬起鼻子，放在比利的头上。比较年长的雄性大象喜欢对年轻一点儿的大象这样做，这标志着它们的确是惺惺相惜的伙伴。

然而，我知道，比利的抵达意味着它的一些老伙伴将很快接踵而至。没错，就在刚果再一次把鼻子放在比利的头上时，蒂姆和卢克·斯凯沃克大摇大摆地走了过来。

刚果垂下了鼻子，昂起头，伸直了耳朵，面对新来者，摆出一副攻击的姿势。比利停止喝水，站在那里吸鼻子，仿佛预料到有麻烦。

几天前，我曾经看到蒂姆和查尔斯王子发生了一次小冲突，当时它用一次正面攻击挑战了那头比它等级高的大象。我当时简直不相信它有如此勇气。查尔斯比较年长。它绕着空地追赶了几次蒂姆，然后它们消失了。我不知道结果究竟如何，但我私下里支持蒂姆，因为查尔斯王子也是个霸凌者，蒂姆往往是它霸凌的对象。

那场冲突的结果似乎对蒂姆不利。当它靠近水坑时，我可以看到它被暴揍了一顿，它的脸上和肋骨处有象牙留下的清晰可辨的白色伤痕。我为它感到难过。然而，对它是怎么对待刚果的，我倒是不太担心，因为蒂姆对比较年轻的雄性大象通常很和善。

但是，我担心卢克的反应。它的行为不可预知。在让低等级的雄性大象安分守己时，它似乎特别具有攻击性。卢克打斗起来特别起劲，很容易造成严重伤害。虽然它的右牙正在脱落，但它经常能在和双牙俱全的雄性大象的打斗中获胜。

刚果站在出水口，头来回摆动，竖着耳朵搜索声音。等到来的大象走得够近了，刚果上去迎接它们，尾巴轻摇。它停下来，侧着身，目光犹豫不定。当这些大象靠近时，它注意到它们的姿态了吗？关于怎样迎接它们，它是不是要再考虑考虑？

果然，刚果转过身去，背对着来者。当比利抵达时，它就用过这样的服从姿态。我能够分辨出它有些焦虑，因为它轻轻地朝着比利的方向抬了抬脚。好勇斗狠在雄性的世界一向畅行无阻。有时较大的雄性大象还会把一头比较年轻的雄性大象置于它和它的对手中间，以缓冲任何过分的侵犯。比利时不时地会成为受气包，原因就在于此。

卢克的肢体语言让我怀疑他想干一架。它高昂着头，嘴巴大张，摆出一副攻击的架势。事实上，有一股液体正在从它的颞部渗出来，暗示它正在进入发情期。（在发情期里，颞腺变大，分泌出一种浓浓的、有刺激性的液体，里面充满了生物化合物。）对于可怜的刚果来说，情况不妙。

随着蒂姆和比利把鼻子卷在一起，紧张的局面缓和了。在这种迎接中，每头雄性大象都互相卷鼻子，同时把鼻子放进对方的嘴里。然后，蒂姆轻轻地推了比利，用鼻子拍了它一下，亲切得就像搞乱一个小兄弟的头发。

刚果观察着，等着轮到它伺候蒂姆。它犹犹豫豫地伸出鼻子，但让我感到意外的是，蒂姆开始后退，并且对着刚果挑衅性地摇摇头，好像在说："想都别想，小东西！"

套近乎失败，刚果随后转向了卢克，而卢克仍旧大张着嘴，摆着威胁的姿势。卢克把鼻子放在比利的头上，用足力气猛地推了比利一下。比利把鼻子放进卢克的嘴里，好像是在抚慰那个粗暴的家伙。比利忍受着这些年长的伙伴欺负，但它似乎安之若素。它又被卢克打了几下，还挨了一鼻子。刚果横着走到比利另一侧，贴着比利。可怜的比利又被夹在了中间。

卢克和蒂姆在出水口喝水，刚果则把头贴在了比利的屁股上，好像要在它们的受气包的阴影里盘算下一步怎么做。卢克和蒂姆一直盯着刚果，吓得刚果决定退到水坑边缘。截至目前，局面仍对刚果不利。

在喝了好长一阵子水后，蒂姆似乎回心转意了。它朝刚果走过去，好像要邀请刚果到出水口去，然后它返回去，又和卢克喝起了水。刚果站在那里吸鼻子，仿佛不知道是否应该接受蒂姆的邀请。

几分钟过去了，刚果决定采取行动。它慢慢地靠过去，先是推了推它们之间的比利。比利把鼻子放进刚果的嘴里，似乎是让它放心。刚果随后走向卢克。卢克立即停止喝水，把头抬得高高的，耳朵伸直，摆出威胁的姿势。它仿佛要转向它的伙伴，并且说："你们不是要我吧？当真是这个家伙？"

刚果调整了策略，转而靠近了蒂姆。出人意料的是，蒂姆也嘴巴大张，向刚果发出威胁。刚果不为所动，朝蒂姆伸出了鼻子。

蒂姆后退了。蒂姆和卢克此时都停止了喝水，向刚果冲过去。比利又一次吸起了鼻子。

我厌恶这些雄性大象要打架的想法。我发现自己希望刚果屈服，并且离开。自它抵达以来的20分钟里，它似乎已经喝饱了水。它随时可以离开。

紧张的几分钟过去后，刚果垂下了阴茎，不知是有意还是无意的。对于其他雄性大象来说，这意味着刚果不打算发起挑战（显示阴茎究竟是泄露了它谨慎的心理状态，还是某种一般的和平表示，目前不得而知）。用阴茎发信号是雄性大象沟通的一个重要方面，或至少是它们了解对方情绪的一种方式。由于大象的阴茎和它们的鼻子大小差不多，并且被能够像移动四肢那样移动它的肌肉组织覆盖着，它有可能被用于表示屈服，或表达非常可怕的威胁。

然而，刚果垂下阴茎没多久，血就涌入了这个巨大的附器。刚果开始弯曲阴茎，让它紧贴腹部，而这是一种极为躁动的标志，好像它要卷起袖子干一架。

刚果弯曲着阴茎，靠近了那两头较大的雄性大象。从块头来判断，它们至少比刚果大 10 岁。它的大胆简直让我不敢相信。它把鼻子放进了蒂姆的嘴里，然后又放进了卢克的嘴里。不可思议的是，就在我预计大战一触即发之时，这两头长者接受了刚果的问候。它们的行为打破了紧张的气氛，就连比利也过来凑热闹了。

刚果贴着比利的侧面，比利贴着卢克的侧面，它们一起在出水口那里猛喝了一阵，好像它们早已是老朋友了。我观察到的那些挑衅的姿势一个也没有再次出现。在一种更进一步的亲密姿态中，卢克推了比利，蒂姆把鼻子放在了比利的头上，卢克和刚果互相检查着对方的颞腺，评估对方的激素水平。刚果又检查了蒂姆的颞腺，最后把鼻子放进了自己的嘴里。这可能是为了进一步评估蒂姆的激素水平，其间利用了位于嘴后部的一种感觉结构，这种感觉结构被称作犁鼻器，这种行为则被称作裂唇嗅。

四头雄性大象随后进行了温和的打闹，卢克和比利，刚果和蒂姆。它们打了一会儿，刚果断定该离开了。它突然中断了和蒂姆的打斗，又喝了一次水，头稍微摆动了一下，耳朵摊平，再次摆动、弯曲鼻子，曲线毕现，迈着无动于衷、松懈的步伐，离开了水坑。

虽然刚果·康纳对于我们的研究来说是新对象的，但我不敢确定它对于那些大象来说是否是陌生人。鉴于它们的相遇以亲切的方式终结，卢克、蒂姆和孩子比利似乎已经接受了它。我希望它能在这一地区逗留一段时间，好让我能在下一季观察它。无论它做出了什么决定，它都自动离开了，这仍让我感到困惑。它显然拥有和这些伙伴玩耍的"本钱"，并且它已经冒险证明了这一点。它为什么会选择孤独呢？

也许这种选择为时尚早。如果刚果最近才离开了它的家庭，刚刚学会如何在世界上自立，那么它也许没有机会与成年雄性大象有更多互动。那将会解释它为什么在刚开始面对卢克和蒂姆时显得那么没把握、犹豫不决。

绝大多数雄性大象被认为会在距离其出生地非常远的地方定居。据推测，这是为了减少与它们自己的基因线上的雌性进行交配的概率。这往往是在那个公园及别处的年轻雄性大象被观察到的行为模式。

我注视着刚果向西南方向走去，怀疑我是否能够再次见到它。我想发现更多关于他的性格、自信的情况，甚至它可能来自哪个家庭。但是，我知道，我最好不要抱太大的希望。这个家伙很有可能在别处建立领地，或者还没在一块新草地上定居就被一个捕食者掠走。

刚果·康纳用鼻尖嗅了嗅地面，然后转向西边，进入了落日余晖之中。当它抵达树木线的时候，橘红色的地平线完全吞没了它。我将不得不再等一季，才能知道它是否已经为自己在雄性俱乐部里赢得一席之地。

粪便日记

我搜集到一份大象迈克的粪便样本，为的是评估它的睾丸激素和皮质醇水平，调查它在雄性定居大象社会中的基因关系。

不是只有恋粪癖会在齐膝深的粪便里不断挖掘。事实证明，一堆堆热腾腾的大便中蕴藏着大量信息。甾体激素是相对稳定的实体，可以从干燥的粪便物质中萃取，并在实验室里用放射性标记的物质加以分析，从而显示出一定量的粪便粉末里所含的激素总量。

实际上，在我们对如何赘述雄性俱乐部的传奇的理解上，粪便激素分析发挥了关键作用。它提供了一种逐日的、极为详尽的记录，来反映雄性大象所经历的社会和物质环境。于是，我招募了大量热心的助理，来管理"粪便日记"。

然而，我们不久就意识到，我们需要一个全职的粪便制图员，因为每天都有很多雄性大象来访，并且来访的时间很长。由于只有在所有的雄性大象离开后我们才能到水坑边，于是绘制每堆粪便，以及追踪哪堆粪便属于从哪条道上走来的哪头大象，就变得极其困难。此外，还要记录大象拉出了多少粪团，有没有粪团破碎，是否伴有撒尿，这也很重要。如果两头雄性大象以非常相似的方式排便，这些细节就非同小可了。

大象在地面上留下粪便样本，而观察塔的视角和地面上的视角是不同的，因此我们需要一人留在塔里，拿着对讲机指导地面上的人收集粪便。只要我们对粪便的来源、情况产生疑惑，就必须把样本留下来，并设计更好的记录以供将来之用。

我们需要在每条大象频繁走过的路径标记开端和结尾。像海盗绘制藏宝图那些，我们用线条、X 形骨棒和骷髅头标记大象排泄的路径和地点。这些路径被赋予了各种名称，例如粪团大道、凯科凯科庭院、粪球小巷等。但是，我们需要持续维护沿路设置的标记，因为某些大象会对这些桩子感到好奇，经常捣毁它们。

我们戴着乳胶手套收集粪便，把它们放入写有标签的纸袋子里，然后会用几种方式来处理这些样本。首先，新鲜样本中的粪团会被均匀混合，因为有时候粪团之间的激素水平存在重大差异。考虑到一头大象有可能在任何地方排便，一次排出 1—7 个粪团，所以样本间潜在的变化会很大。然后，我们把这一材料的子样本装袋，带回营地，放进我们好用的 12 伏太阳能干燥器。干燥器里有三棚架子，每一棚有四个篮子。因此，我们可以在 24 小时里弄干 12 个样本。

一旦烘干完成，我们就把样本送到奥考奎约，在干燥箱里再次加热 30 分钟，用过滤器筛一筛，把产生的粪便粉末转移到一个 5 毫米的收集管里。回到美国后，我们从每个样本里提取睾丸激素和皮质醇水平，以衡量整整一季里大象的攻击性、压力、发情期状况。

为基因分析收集样本的准备情况则不同。为了做基因分析，我们从粪团背光面的外缘收集多个 1/4 大小的小样本，因为那里往往有黏液，黏液里包含着来自结肠内壁的上皮细胞。我们之所以从背光面收集，是因为来自太阳的紫外线会迅速分解掉 DNA，也是因为我们想尽可能确保我们的样本产生基因识别。然后，我们会把样本放入装在密封的无菌收集管的盐溶液里，以便保存包含在上皮细胞中的 DNA。

在田野季结束之后，我们有了激素和基因数据，以及特殊个体在整整一季中的联系和行为的数据，就可以着手破解穆沙拉雄性大象的谜团。由于相关激素在粪便中出现需要 24 个小时，激素对在一天里被目睹到的行为的潜在影响只可能出现在第二天收集到的粪便样本里。

通过分析，我们发现，高的激素水平与发情期的身体、行为特征联系密切。在发情期里，雄性大象会出现前面提到的鼻子卷曲、尿液滴落等行为，以及颞腺分泌。在别的研究中，尿液滴落已经被描述为发情的最佳标志。在穆沙拉雄性大象中，情况似乎也是如此。

总体来看，我们发现，就 2005 季雄性俱乐部内部的等级而言，皮质醇水平与它既没有积极联系，也没有消极联系。因此，很显然，身居等级最高处并没有让大象感到紧张，并且皮质醇水平也没有显示身处等级底层令大象感到紧张。如果一头雄性大象身处底层，就会身不由己地遭受中间等级雄性大象的替代性攻击[1]。

有趣的是，高皮质醇水平仅在一些不连续的紧张事件后出现，例如格雷格威胁等级中等的豁鼻。豁鼻当时正在显现一些进入发情期的迹象，例如它由尿液滴落导致的、暴露实情的、勃起的阴茎，以及来自它的颞腺的、粘在它双颊上的分泌物。虽然豁鼻是格雷格最好的朋友，但格雷格仍把豁鼻"钉在"（从心理上讲）水槽的侧面，阴茎一天勃起一个小时。在这个急转直下的事件后，豁鼻脱离了雄性俱乐部，中止了发情期。在情况发生后，我们能够从激素含量分析这一事件。

在大多数时间里，豁鼻的皮质醇平均水平都在每克（g）粪便 35~40 纳克（ng），但在与格雷格发生对抗的第二天，它的皮质醇水

---

[1]   替代性攻击，指攻击其他对象来替代原本想要攻击的对象的行为。——编者注

平急剧攀升到了每克粪便 70 纳克。此外，它的睾丸激素侧面与我们观察到的发情的身体迹象是符合的。它的激素水平从低于约每克粪便 250 纳克的群体基准线，逐渐攀升到发情临界值每克粪便 350 纳克，但在和格雷格对抗后，豁鼻的水平重返基准线，发情的身体特征也逐渐消失了。

正常情况下，睾丸激素会在一个时期内急剧增加至发情期水平，并且可以维持几个星期到几个月（对于豁鼻这样的中年大象来说，则至少一个月，甚至更长）。由于豁鼻正在表现出进入发情期的身体迹象，睾丸激素水平在这次对抗之前处于上升势头，并且没有显示身体受伤的迹象，我推测与格雷格的对抗导致它中止了发情。

同样有趣的是，格雷格在这一时间段的睾丸激素水平也达到了峰值，在每克粪便 1000 纳克左右，然后直接降到了基准线，而它的皮质醇水平仍旧持续。有没有可能，格雷格能够控制睾丸激素，仅在一个挑衅性事件中将激素分泌推向顶峰？究竟是挑衅性行为引发了睾丸激素高峰，还是睾丸激素高峰引发了挑衅性行为，依然是个悬而未决的问题。但是，有证据显示，挑衅引发睾丸激素，而非相反。

在格雷格和与它同世代的、我们认为处在完全发情期的凯文之间发生了令人震惊的冲突（格雷格击败了凯文）之后，我们能够从激素上证明，凯文的确处在发情期，但在和格雷格敌对后中止了发情。在发起挑战的那一天，凯文的睾丸激素水平高达每克粪便 700 纳克左右。后来在那个月，我们得以在凯文的另外四个数据点上搜集粪便样本。在第三个样本里，它的睾丸激素在每克粪便 100 纳克左右，远低于象群平均值每克粪便 250 纳克。

由于我们不了解 6 月 9 日以前凯文的激素情况，不知道凯文只是因为正好过了发情期，与它和格雷格的互动无关，还是它和格雷格的互动迫使它停止了发情。我们需要就这些事件搜集更多的数据，才能够确定究竟发生了什么。无论是哪种方式，过去的经验都告诉我们，在睾丸激素在每克粪便 700 纳克左右时，凯文原本能够在一场竞争中击败格雷格。

这些只是我们能够从粪便激素化验中获得的几个小范围分析数据。睾丸激素曲线图还给我显示了另外一种值得注意的模式，这次的主角是泰勒。它的睾丸激素水平整整一个月都在波动，就像它在雄性俱乐部的古怪行为所显示的那样。这也解释了其他年长的大象为什么意识到了泰勒的古怪举动并且一直在压制它。

由于 2005 年我们在雄性大象等级结构中发现了值得注意的上下级关系，我们得以检验等级和睾丸激素水平之间的关系，并且最终发现两者没有必然联系。实际上，有证据显示，更具有支配力的大象维持着非常低的睾丸激素水平。这与罗伯特·萨波尔斯基（Robert Sapolsky）在其持续的东非狒狒研究中所做的预言一致。他在研究中发现，在社会稳定时期（例如，支配等级结构中的变化相对较小），最高等级的雄性的睾丸激素水平并不是群内最高的。只有在社会不稳定时期，在等级最高的雄性被废黜后，睾丸激素和等级之间才有明确的关联。

激素水平的变动也和 2005 年不连续的支配互动密切相关，我需要在接下来的考察季里增加粪便样本规模，以便证明那些模式的真实性。我也希望能够断定是激素高峰先出现，还是某种行为激发了激素分泌高峰。我知道，在一个受控的实验室环境中，利用实验老鼠或采集血液样本，这一问题能够得到更好的解答。但我仍然希望采用现在这种方法去了解大象的动态情况，因为这是在野外对野生动物能采用的最好的方法。

我也想追踪整个田野季的发情周期，了解这种激素水平的增高与降低，以及它对具体的个体模式的潜在社会影响。格雷格能够抑制雄性俱乐部的一些成员发情或迫使别的成员中止发情吗？

粪便激素分析也让我们能够通过监测互动之前、之中、之后的皮质醇水平，追踪对一个低等级个体采取的不连续的竞争行为的影响。此外，我还想密切关注皮质醇水平与和解行为之间的关系。

在其他物种中，尤其是在灵长类动物中，和解行为在一连串断断续续的富有侵略性行为之后。我在大象中目睹过相似的行为，并且想看看皮质醇水平是否会在一些特定状况之后有所降低。在这些状况中，和解在看起来没有和解企图的对抗事件中突然降临。

在这些状况中，在一次挑衅行为（例如把一头大象从最佳饮水位置推开）发生之后，挑衅者有可能把鼻子放进被赶走的大象的嘴里，类似于道歉。这一行为往往始于挑衅者用鼻子触碰自己的嘴，仿佛拿不准是道歉，还是让触犯悄无声息地过去。我们发现，低等级大象往往会尝试和解，无论挑衅者做过什么。

在我们的探索中，对大象激素水平的研究变成了一种极其宝贵的工具。于是，粪便日记成了穆沙拉营地文化的一个不可或缺的组成部分。

荒野里的少年

在一场类似于掰手腕的较量中，两头年轻的雄
性大象互相检验它们的力量。

泰勒是一头达到成年年龄的青年大象，如今它正生活在青春地狱之中。正如一个正在为变声而挣扎、嗅到了亚当的苹果香气的少年那样，它的睾丸激素汹涌澎湃，让它感到越来越痛苦，将会对雄性俱乐部内部的和平造成破坏。它已经变成了一个危险的家伙。

我第一次注意到泰勒由激素水平导致的癫狂状态，是因为雄性俱乐部比较随和的成员有时会迅速地用长牙戳它。我当时就觉得这有些不寻常。但是，当我把泰勒的激素状况和这件事拼凑到一起，正在发生什么就一目了然了。

我把粪便数据的实验室结果和我在同一时间做的田野笔记加以对比，一种因果关系显现出来。在我注意到亚伯等雄性大象刺戳泰勒的行为变得越发频繁的日子里，粪便激素分析显示，泰勒的睾丸激素水平偏高，但在遭到一头年长的大象的攻击后激素水平有所下降。它肯定坏了规矩，然后受到了惩罚。但是，我只看到了惩罚，没有看到逾矩。

我必须反过头来看录像，一帧一帧地仔细观察，想看到泰勒确实是个捣蛋鬼，尽管是以太不起眼的方式，以至于我当时忽视了那些行为。录像捕捉到，在一些场合，它在挑衅其他雄性大象。

泰勒会通过引发争议，试着打一架。不过，它采取的方式是推挤，而不是比较温和地用鼻子卷或者把鼻子伸长来发出邀请。低调的争论相当于雄性大象友善的掰手腕比赛。如果邀请被无视或遭到断然拒绝，泰勒会不依不饶。它不断推挤团体中的成员，把头往它们的侧身靠，试图激发反应。也正是在这时候，亚伯进行了干预，用急促的推挤或头部撞击把事情摆平。

回放录像带时，我回想了一下，试图发现我究竟是怎样错过这一切的。在泰勒还没有表现出怪异行为时，我一直把主要注意力放在比泰勒稍大的雄性大象上，例如卢克、蒂姆、查尔斯王子，我以为会在它们身上观察到泰勒这样的纠缠。

那些十几岁仍生活在它们母系家庭群体中的雄性大象喜欢互相击打。不仅如此，它们也喜欢爬到对方身上，想试探自己能对雄性大象和雌性大象做何种程度的坏事，而不受惩罚。

在家庭圈子里年轻雄性大象无法无天的行为和新加入全雄性社会的年轻雄性大象的行为之间，存在明显的差异。我们的行为数据和激素分析显示出一种可能的解释。通过压制它们乖戾的、到了成年的睾丸激素高峰所产生的躁动，年长的雄性大象在管教年轻的雄性大象。

因社会制约产生的激素抑制在动物王国里是一种众所周知的现象。举个例子，在狒狒的近亲山魈中，处于从属地位的雄性不会出现第二性征。山魈群中，只有处于高等级的个体会出现，生殖器皮肤色彩艳丽、睾丸肥大、高睾丸激素水平、臀部肥硕等特征。从属地位的低等级雄性则离群索居，皮肤灰暗，睾丸激素水平低，臀部比较瘦。虽然从最具支配力的雄性到等级最低的雄性，激素水平存在梯度变化，但也似乎存在某种门槛，只有睾丸激素水平最高的雄性才能够成为"超级"雄性。

有研究显示，在猩猩中，性成熟的壮年青年雄性的生存压力和激素水平远远高于比较年轻或较年长的雄性。这表示，在一些雄性猩猩身上，压力激素可能抑制了次级性特征。然而，情况也可能正相反：低级的雄性可能抑制了它们的性展示，以减少自己的生存压力水平。因此，抑制第二性征发育可能是一种适应性，目的是在青少年时期避免生存竞争（以及占支配地位的个体潜在的攻击）。

曾有人假设逆戟鲸中存在这种现象。在逆戟鲸中，与处于从属地位的雄性相比，占支配地位的雄性的块头要大得多，背鳍也更大。研究者也报告了群居的狐猴、猫鼬以及别的众多物种中存在从属雄性的性压抑证据。然而，抑制性征以避免冲突并非没有缺陷。一些调查者已经提出，在处于从属地位的雄性狒狒中，生长因素和免疫力有可能受到抑制，导致它们体格小，容易生病，进而导致它们容易遭到捕食。

在有成年男性在场的情况下，少男有没有可能经历遭受抑制的睾丸激素水平呢？由于这一现象是从非人类灵长类动物那里被获知的，让人不由得想知道，某些相似的现象是否也在人类社会的公司会议室、职业摔跤比赛擂台、新兵训练营中发生。

对于南非大象的研究也已经证明，年长的雄性的在场起到了控制年轻雄性睾丸激素表现的作用，进而控制了它们的挑衅行为，就像我们在年轻大象泰勒的情况中看到的那样。把它们从身处年长的雄性的自然环境中分离出来，让它们自行其是，年轻的雄性大象会成为捣乱分子，就像少年犯那样。

1992—1997 年，在南非比林斯堡的一个私人保护区里，发生过这一现象的一个生动的实例。20 世纪 80 年代，管理方做出了一个决定，要对克鲁格国家公园里的大象进行淘汰，结果一群不到 10 岁的年轻雄性大象被移出了它们原本的群体，被安置在那个私人保护区里。与那些待在原社会群体中的年轻雄性大象相比，这些年轻雄性大象进入首个发情期的时间要早得多。这个象群中成功的繁殖始于 18 岁。研究者观察到，大象那时经历了最初的发情。在正常的大象群落中，年轻的成员一般在 20 多岁时才会开始繁殖。

这些年轻的雄性大象被迁入的地区也是一群极其珍贵的白犀牛的家园。那些白犀牛是从南非别的地方被迁移过来的。冲突的舞台已经搭好，因为大象和犀牛是天生的敌手。犀牛虽然块头小，却很倔强，在面对来自大象的挑战时一般不会退避。这种对退避的拒绝显然大大刺激了大象。

一群不受监督的十几岁的大象被引入这一气氛已经非常紧张的地区。它们将很快进入早熟的发情期，由于没有受到高等级雄性大象的压制，这些年轻大象的睾丸激素水平高达正常水平的 50 倍。它们真的发狂了。在和执拗的犀牛的对抗中，这些雄性大象杀死了 40 头犀牛，于是管理方决定采取措施加以制止。

出于绝望，保护区的管理者决定引入六头年龄较大的大象，想看看它们能否以某种方式约束这些青少年。研究者曾持续监测年轻雄性大象的激素水平，因而能够就引入较年长雄性大象之前和之后的情况进行比较。

结果，在较老的雄性大象抵达后，年轻的雄性大象立即停止了发情，中止了不良行为。这个研究结果提供了明显的证据，证明仅仅较年长大象的存在，就足以抑制年轻雄性大象的睾丸激素水平。实际上，在南非的另外一个保护区也出现了同样的现象，并且是以同样的方式得到解决的。这就进一步证明了这种模式的真实性。

虽然公园里这两个极端的大象管理问题靠激素抑制得到了纠正，

但这也让我觉得，年轻的雄性大象也可能从良好的雄性榜样中获益。就是说，除了激素抑制，还有别的东西在起作用。为了让它们继续成为大象社会中得体的成员，这些年轻的雄性大象需要较为年长的雄性大象提供社会引导和规范。如果进一步考察指导和指导规则，有可能为应对被圈养或重新引入的雄性大象提供宝贵的经验。通过了解非人类社会管控这些致命互动的方式，人类也有可能从中学到很多东西。

这种暴力事件的发生和指导的需要引发了一系列次要问题。替代性攻击在全雄性社会中扮演了何种角色？就霸凌而言，存在一种适应性益处吗？对处在紧张状况下的老鼠的研究显示，与那些未出现霸凌这种发泄方式的老鼠相比，获准霸凌另外一只老鼠的老鼠，其压力激素水平较低。大象也可能出于相似的原因产生替代性攻击。所以我需要探明的是：与那些不断被推、被戳、被拍、被挤的低等级个体相比，具有攻击性的个体的压力激素水平会降低吗？

要证明比林斯堡年轻雄性大象的行为是由它们痛苦的过去造成的，只能重新安置刚刚在正常状况下离开各自家庭的年轻雄性大象，并将两个团体加以比较。这样的数据是可望而不可即的，但我希望，为了更好地了解在比林斯堡被目睹到的现象，我的研究将提供一个自然的实验室，以获取不同年龄的已知个体长期的、高精度的激素数据。对在穆沙拉和非洲别处出现的年轻雄性大象做出的挑衅行为，这些研究有可能提供另外一种视角。年轻的雄性大象发出的挑衅有时候非常频繁，但大多数情况下会被它们年长的雄性大象缓和。

当我观察正在为自己的激素汹涌而挣扎的泰勒时，我想起了最近的一项研究。这项研究试图把青少年犯罪、过早沾染酒精和像成年人那样做出冒险的决定联系起来。在为期10天的研究中，一组年轻的雄性老鼠（成长阶段与人类的青春期相仿）每天都被注射酒精。这些酒精被植入了一种被称作果冻的糖凝胶中。一个控制组则被喂食不含酒精的凝胶。

在 10 天期满后，实验鼠已经习惯了酒精，科学家训练每个组的老鼠从两个杠杆中选出一个。每当杠杆被压下时，左边的那个杠杆会产生三块糖的奖励；右边的那个杠杆有时候会产生四块糖，有时候不产生糖。在一组令人印象深刻的实验中，那些在青少年时期习惯了酒精的老鼠不断像成年人那样做出危险的行为，且沉迷于酒精的大脑总是抵御不了赌性的诱惑，即选择去压下右边那个全有或绝无杠杆。更糟糕的是，当获得奖励的概率随着时间流逝而减少，这些"赌徒"继续做出冒险的抉择，到最后导致了众多数量更少的奖励。

这提出了一个问题：在年长者缺席的情况下过早进入发情期的年轻雄性大象是否会在以后的生活中展现危险的行为。就我所知，目前尚无人研究，如果也做这样的实验，让雄性在年轻时拥有很高的睾丸激素水平，会不会对它日后的行为产生影响。

随着 2005 考察季走向终结、8 月临近，风越来越多，就像干旱年份那样。更糟糕的是，当风起来时，由于缺乏草和矮树，无法固定沙土。

小尘暴在频率和强度上都在增加。小旋风过来就像一堵墙，携带着那片空地一半的沙子、树叶和大象粪便，整个营地都必须躲避、遮盖（尽可能地遮盖电子设备）。如果在这时候，有哪个倒霉的团队成员的帐篷门开着，就不要指望拯救睡袋了。这真可谓多沙的时期。

就在考察季结束时，我观察到，在一场和"暴徒"卢克进行的漫长打斗中，泰勒坚持到了最后。我希望能把时钟往前拨，看看这些年轻的大象会变成什么样子，以发现荒野中的大象少年背后的真相。

结盟和失宠

排在第二位的迈克（背对镜头）遭遇了排在第
三位的凯文发起的联合抵制。

在夜里，我被一声号叫惊醒。我静静地躺着，屏住呼吸，思考着目前的情况。周围万籁俱寂，我无声无息地抬起头，竖起耳朵去听。我把羊毛帽子拽下来，呼出了一口气。号叫声好像是从我的帐篷平台的右下方传来的，就挨着营地，但我睡得太死，因此无法确定。自从我的丈夫蒂姆在这一季早些时候离开穆沙拉以来，我有时候觉得自己身处一个局限于帐篷内的我自己的世界。只有我和非洲的夜晚，以及那些肉食动物。

我倾听着来自其他帐篷的睡袋的沙沙声，想知道我的研究助手中有没有人也听到了那种声音。现在，我什么也没有听到，除了在我的耳朵里颤动的我自己的脉搏的声响。

我向外望去。虽然星光灿烂，夜却漆黑一片，我看不见我前面的任何东西。我感到筋疲力尽。那天晚上活动太多，让我难以入眠，更别说在有那么多的声音要录的情况下入眠了。因此，当我终于入睡时，更像是昏了过去。

没过多久，那种惊醒我的声音又传了过来。首先传来的是一种令人不快的高亢、怪诞的尖叫，比在黑板上划钉子更加让人心神不宁。这种可怕的声音让我感到恐惧。我真希望帐篷的侧板开着，好让我能往下看，看见营地周围的地面上正在发生什么。但是，在上床睡觉前，为了抵御寒冷，我已经放下了侧板，并用尼龙搭扣加以固定。我也不敢把头伸到前面去看，因为害怕弄出响声。

那种凄厉的哀鸣再次传来。最后传来的是那种曾惊醒我的刺耳的声响。一种奇怪的、引发共振的咆哮声伴着来自各个方向的可怕叫喊声，可能是侵犯者发出的。

随着号叫声越来越多，终于真相大白。我现在可以肯定，声音是来自一只遇到麻烦的鬣狗。由于有众多声音来掩盖我可能制造的任何响声，我慢慢地把手移到一侧，抓起夜视仪。我向前挪动，用肘部支撑住，除去帐篷板以便观察。

在挨着帐篷、距离我只有数英尺的下面，有一只雄性鬣狗（我是根据它块头较小这一点推测的）。它臀部着地，将尾巴和腿压在身下，似乎是在哀求周围的 7 只雌性团体成员，请求它们原谅其某种未知的违规。那 7 只雌性包围着它，低着头，尾巴上的毛都竖了起来以表达威胁。一个在绝大多数情况下都爱缩起尾巴的物种，却能用尾巴发出那么多的信号，让我感到惊奇。

那只可怜的鬣狗再次发出令人极为毛骨悚然的尖叫，它的脸扭曲成了一种恐怖的怪相。更糟糕的是，由于我是用夜视仪观看的，我竟看到它的牙齿和眼睛闪烁着魔鬼般的绿光。它以一种低三下四的蜷缩姿势爬行了几英寸，脚蜷缩在腹部下面，然后又尖叫起来，声调很高，并且保持了一会儿。

就在我觉得再也受不了那种尖叫的时候，这只鬣狗开始低声叫喊，头冲着地面。一个控诉者靠得更近了一些，再次有节奏地咆哮，然后低下头，也开始叫喊。它发出的声音类似于低八度音音阶，听起来有些不真实，是鬣狗宣布公告的标志。其他鬣狗发出了难以控制的咯咯声。那是一种有感染力的、恶魔般的咯咯声，在自然界中独一无二。

这种支配仪式和可怕的乞求持续了一段时间，罪犯才获得了原谅。我分辨不出来是什么使得占支配地位的团体成员发了慈悲，但那只年轻的雄性终于从雌性们严密的包围中获释了。我真希望我能想到录下这次互动，但那一刻的威力让我深受震撼，什么也做不了，只能带着那种病态的痴迷在一边观看。

几乎就在此后不久，两头雌性狮子靠近了现场，那一群鬣狗随即四散奔逃。它们也许早已嗅到了狮子正在靠近，那头年轻的雄性鬣狗才因此得救，否则它很可能会遭受身体伤害。

穆沙拉的狮子和鬣狗的数量似乎遵循了一种扩张与萎缩的循环模式，同时伴有某些支配模式。2006 年，当我目睹这一特殊的对抗时，一窝鬣狗相较于前一季正在扩张。随着在规模和实力上的增长，它开始显露出内部纷争的迹象。虽然我们最近的目标是了解雄性大象世界的支配，但多年以来，我忍不住开始观察存在于穆沙拉其他物种内部的等级秩序。

支配在一个社会团体内部的确立和维持既有可能受到团体动态的影响，也有可能受到外部环境状况的影响。权力的转移有可能源自一个冒险者出人意料的兴起。

例如，随着对雄性大象群体和个体的了解，我们总结出一些特殊的行为模式。凯文是霸凌者，随时准备打架，发动一场结局注定糟糕的竞争。接下来是威利·尼尔森，它是个虽然有些粗糙但很受尊敬的傻瓜，经常被凯文当成打架的伙伴加以笼络。杰克·尼克尔森是和蔼的饶舌者，常会做出亲切的姿态，让别的所有大象都感到意趣相投。

卢克·斯凯沃克只有一颗长牙，但打架很凶猛，能够制服闹事的小家伙。豁鼻属于中等等级，是王者格雷格忠诚的得力助手。然后是温文尔雅，群内排名第二的迈克，由于缺乏挑衅性，它居于此等级的原因有些神秘。

虽然我们知道格雷格是头头，但问题是，一头雄性大象究竟能够维持它的统治多久。在灵长类动物中，一般而言，统治期在一些物种中短至数月，在东非狒狒中则长至三年。通常情况下，占统治地位的雄性灵长类动物之所以会遭到废黜，要么是因为被杀死了，要么是因为受伤而丧失了应对挑战者的能力。

在受到挑战时，人类世界的领袖有可能和平地投降，也可能选择开战，最终达成某种休战、逃跑，或战斗到死。雄性大象因好战而闻名，因此可能的情况是，它们会保持权力，直到在身体上再也无法捍卫自己的地位。但是，统治时间的长短也有可能取决于大象的个性差异，就像在某些人类社会中所发生的情况。

格雷格的行为具有一种有趣的混合特点。它对霸凌者比较强硬，对年轻的雄性大象比较温和。它关怀比较年轻的雄性大象，能够容忍它们。当它们靠近时，它总是乐于来一场轻微的打斗，或者把鼻子放在它们头上。有一次，我们甚至目睹它允许一头年轻的雄性大象舔它的长牙。我以前从来没有见过这种行为，而且这种行为和其他一些中等年龄的雄性大象的行为形成了鲜明对比。当受够了一些年轻的雄性大象开玩笑似的身体接触的邀战时，它们会猛戳那些年轻的雄性大象。我不确定格雷格的策略是否很独特，因此我特别想看看我们的数据能否显示，这种模式年复一年地持续。

2005 年的环境条件极为干旱，因此那一地区可以喝水的地点少之又少。为了把争夺饮水引发的冲突降至最低，群体内需要将统治等级制度明确安排到位。虽然如此，正如我所了解的那样，还是出现了一些出人意料的例外，这一次又牵涉了处于上升势头的凯文。这头排在第三位的雄性大象与排在第二位、态度温和的迈克发生了对抗。

考虑到其令人印象深刻的身材，迈克的行为特别不同寻常。他体格健硕，一双长牙大张，完美无缺，就连最厉害的霸凌者也会对它望而生畏。然而，不知道是出于什么原因，它好像选择了消极的处世之道。我们一再观察到，迈克选择远离冲突，而非用攻击回应挑战。

我不得不考虑，迈克采取的这种消极策略会持续多久，如果这的确是一种策略的话。从我们在其他雄性中看到的情况来看，雄性似乎需要展示一定程度的攻击性，才能维持它们在等级制度中的地位。迈克根本没有向上爬的抱负。这可能意味着，它之所以能够接近最高地位，是在策略上刻意避免冲突的结果，它因此不会被高位者赶走。如果它表现得比较具有攻击性，很可能会被格雷格赶走。通过让别的雄性大象打架，它一路超越它们，兵不血刃地得到晋升。但是，进入田野季三个星期之后，在一个致命的日子，我们将看到，对行事温和的迈克来说，这一策略终于不管用了。

刚开始，这一天和别的日子没有什么不同，雄性俱乐部的一个小分遣队聚集到了水坑周围。当凯文、斯托里、杰克、亚伯正在平静地喝水时，我注意到，温和的大块头、排在第二位的迈克正沿着西南向的大象小道从南边走来。它迈着一贯的缓慢步伐，悠闲地走着，但走到空地的边缘时，它突然停了下来，仿佛猛然意识到一个不速之客出现了。

迈克一动不动地站了很久，似乎不知道是靠近水坑，还是等到别的大象离开后再过去。这是一种奇怪的事态转折，因为那四头雄性大象一向是迈克的盟友。此外，即使凯文是一个霸凌者，并且在整个季节中一直在努力挑战迈克，迈克似乎总是有办法能让它不敢造次。但是，也许凯文终于在什么时候战胜了迈克。

当迈克站在那里的时候，我突然想起《绿野仙踪》（*Wizard of Oz*）中胆小的狮子，就是那头虽然看着非常可怕但总夹着尾巴（在这个案例中，是吸鼻子）、因恐惧而颤抖的野兽。很显然，某种情况发生了，改变了雄性俱乐部中的社会动态，对迈克产生了不利的影响，它的自信好像彻底垮掉了。

迈克畏畏缩缩地在空地边缘站了一个多小时，它的鼻子挂在牙上。我们非常熟悉它的社会习惯，无法摸清它犹豫不决的原因。它的伙伴都在喝水，而它似乎不急于加入它们。但是，好像某种神秘的力量迫使它踌躇不前。我们都等着，想看看接下来会发生什么。

终于，在深思熟虑之后，迈克采取了行动。但是，当它朝别的大象慢慢靠拢过去时，我们明白了究竟是什么让它踌躇不前。凯文肯定已经感觉到迈克一直站在空地边缘。迈克刚迈步向前，凯文就停止了喝水，站到水坑的最前面。它昂着头，伸直耳朵，眼睛死死地盯着迈克。迈克强撑着自己直面冲突，但仍然继续向前。

这时候，我们目睹到一种奇异的情况。凯文的行为好像激励了另外三头大象。它们虽然以前是迈克的朋友和盟友，但相继做出了和凯文相似的行为。斯托里、杰克、亚伯抬头看着迈克，立即停止了喝水，并且从水边走开。它们和带头的凯文排成了一条线。四头大象现在都站在那里，昂着头，伸直了耳朵，向迈克发出挑战。凯文似乎组织了某种同盟。我无法搞清它是怎样做到这一点的，只能猜测它终于尝试攫取权力，确保了在雄性俱乐部等级秩序中排名第二的地位。在过去两季中，迈克一直把持着这个位置。也许，在它败给格雷格之后，凯文采取了新的策略，欲自下而上地向等级制度发动攻击。

四头大得惊人的大象排成一条线，就像一堵灰砖墙，并挑衅地盯着迈克。可怜的迈克看上去仿佛被这支大象行刑队的出现吓得屁滚尿流。然而，迈克又开始吸鼻子，面对着其他大象站了一会儿，好像在等着它们解除戒备，并且欢迎自己。但是，它的对手们没有显示出任何让步的迹象。四头愤怒的大象可怖地站在它面前，耳朵毅然决然地大张着，直到迈克终于缓和下来。它缓慢地走向水槽的末端，安静地在低等级大象的位置上开始喝水。

正如一贯的策略那样，迈克没有选择战斗。但是，这一次，那种策略导致它丧失了它在雄性俱乐部等级制度中的地位。

我们身处观察塔中，诧异地摇了摇头。在外面的灌木丛里究竟发生了什么，才导致这些前盟友之间出现了这样一种紧张局面？很显然，在我们的观察塔看不到的某个地方，某出戏剧演完了。我们错过了什么？难道是睾丸激素在作怪？又或许，在凯文挑战格雷格失败后，又发生了挑衅，结果导致迈克丢掉了它的地位？

我可以十分肯定，无论是否受到睾丸激素的影响，别的任何雄性大象都不会主动以这种方式对待迈克。凯文是怎样成功地把另外三头大象吸引到它的阵营里的呢？通过形成一个联盟，它现在距离夺取格雷格的位置，成为王者仅有一步之遥。但是，从效忠迈克转而效忠凯文，斯托里、杰克和亚伯会获得什么好处呢？

雄性的社交策略种类很多，取决于群落密度、资源竞争、捕食威胁的性质、对保护的需要，以及物种固有的群居性。在别的物种中，比如宽吻海豚、狮子、马、狒狒、猕猴、山地大猩猩、黑猩猩中已经有大量雄性结盟的记录。它们之所以结盟，通常是为了保护领地不受竞争的雄性的侵犯，合作狩猎，提高地位，以及更加方便地接触雌性。

众所周知，在灵长类动物社会中会形成联盟。在那里，一些正在兴起的个体聚拢一些亲密伙伴，以便在它自己力所不及的状况下，推翻占统治地位的个体。可以理解，雄性大象会形成联盟以抵御发起挑战的雄性大象，提高地位，或者也可能更加方便地接触雌性。凯文清晰地表明，在雄性俱乐部内部，形成联盟究竟有多大益处。

在一些物种中，接触雌性的机会无论在空间还是时间上都很稀缺。在这样的物种中，雄性间的容忍度是很低的。大象当然也是如此，不过在它们那里，通过轮流发情机制，以及"绅士般"地轮流与雌性交配，接触雌性的问题似乎得到了解决。然而，这种"绅士般"的轮流也许并不那么绅士，而是取决于以前的联系，其中包括在等级结构中的位置。

但是，联盟将怎样持续呢？王侯般的迈克会被永久剥夺第二的地位吗？这是不是意味着，凯文终将再次挑战格雷格？在那一季开始时，凯文处在发情期，却没有胜出，但现在它已经有了可怕的盟友，它将来也许会比较成功。这一问题的答案与煽动者的激励程度有关，也可能与被驱逐的个体的抱负有关。

在那次政变之后的那一季的剩余时间里，我们观察到，迈克从隐蔽处走出来并进入水坑周边所用的时间更长了，远远超过一个小时。不仅如此，当它出现时，它是以我见过的最慢的步伐靠近的，好像它的脚太重，几乎抬不起来。虽然我们不可能知道迈克的心理状态，但我觉得，它重回它以前接近等级顶端的位置的机会已经没有了。我怀疑，这位亲王已经彻底失宠。

兄弟帮

关系密切的雄性伙伴喝水时经常挨着站立。

　　一天下午，我们观察到，蒂姆、戴夫、杰克、卢克和豁鼻进行了一次显得特别深情的互动。此时，我们一致认为它们真的过得非常快乐。杰克抵达时情绪特别友善，用从鼻子到嘴的方式问候欢迎大家，而不是像等级中等的年轻成年大象有时候做的那样，冷淡地等着是否有别的大象率先打招呼。

　　在和别的大象打过招呼后，杰克走向卢克，用鼻子卷住卢克的鼻子。我以前从未见过雄性大象这么做，甚至也没见过任何一头大象这么做。它们面对面站着，鼻子在它们下面缠了三圈。从所有外在表现看，这绝对是一种雄性结盟的时刻。但是，雄性的结盟究竟意味着什么呢？

　　尽管存在争夺雌性的竞争压力，但牢固的雄性联盟存在于很多物种之中，最引人注意且记录详尽的例子是黑猩猩。人们认为，在黑猩猩中，雄性联盟之所以存在，是为了把冲突降至最低，甚至是为了把团体内其他雄性杀婴的行为降至最低，或者有可能作为一种机制，防止外部雄性团体接近内部的雌性。这些联盟表现为合作或互相吸引的形式。

　　这并不是说雄性结合的团体内不存在挑衅，但相亲相爱的互动和竞争的互动之间的相互作用被认为巩固了结盟。这就像人类的两个男性朋友为了一个女孩儿打得不可开交，甚至为了争论哪个体育明星更强壮而打得不可开交，最后他们和解，一起去酒吧喝起了酒。

因此，亲善的行为被用来避免冲突或在冲突之后抚慰伙伴，竞争的行为被用来获得、捍卫、维持某种支配地位（也有可能用于支持他们喜爱的体育明星）。促进并维持了健康的结盟的，正是这种喜爱和冒犯之间的相互作用。

仪式是雄性结盟的一个重要方面。在众多人类的全男性协会里，在一些诸如大学生兄弟会中的欺负新人、传统的绅士俱乐部的加入、童子军的加入、新兵训练营的加入等习惯上，这一点得到了证明。仪式在宗教庆祝中也很重要，其中很多仪式是仅为男人所保留的。

在这些结盟的雄性团体中，仪式化的支配行为被认为强化了地位关系，下属对占支配地位的个体的服从行为也许起到了预先制止冒犯的作用，从而在团体成员之间产生了更多的宽容。也是由于这个原因，仪式性的弯腰并亲吻黑帮老大的戒指压制了任何不服从、不忠诚，或联合起来反对老大的想法。

虽然还没有人发现过雄性大象在广大的团体内部形成过结盟，我却在慢慢地积累证据，来证明雄性俱乐部里的雄性大象已经形成了长期的联盟，并且的确采取了结盟的行为。在雌性中，结盟被局限在触觉和以声音表达的问候、凝聚力、为激发行动而用声音进行的共鸣、联合行动中。多年以来，我们持续地记录下雄性团体中的这些情况。

例如，从鼻子到嘴高度仪式化的问候似乎不仅起到了问候的作用，也是比较不占支配地位的雄性大象的一种服从行为。它就像是在给占支配地位的个体发出信号，表示低等级的个体承认占支配地位的个体的支配地位。从鼻子到嘴的仪式也好像是在发出进一步亲切交流的请求，往往是一个年轻个体向年长者发出的，或者是一个年轻个体向另一个年轻个体发出的。这种仪式化的结合行为与在雄性黑猩猩中见到的情况非常相似。

接下来就是在离开时的协调共鸣。这种发声是格雷格的"我们走"的咕噜声发起的。这一连串的呼唤类似于合唱，但伴有不相重叠的重复呼唤。"我们走"的咕噜声几乎总是由占支配地位的个体发出的。它会离开水坑，一动不动地站着发声，同时拍打耳朵，就像人们在雌性家长集合家庭成员离开时所看到的那样。其他个体会注意到这些发声，并停止喝水。

占支配地位的大象首先发声后，通常会跟随第二次发声，并且很有可能来自一个下属。第二次发声会在占支配地位的个体发声结束后马上开始，然后是第三声、第四声，以此类推。所有个体最终会跟随占支配地位的个体前往下一个集合地点，并且一路都不断发声，此起彼伏。这绝对是形式化的共鸣行为，具有仪式化的性质，并且就我所目睹的情况而言，它只发生在亲密同伴组成的团体内部。

最后，结盟的形成也非常明显。我们已经在凯文和它的亲密伙伴反对温和的迈克中看到过这种情况。后来，格雷格及其得力助手豁鼻在反对可怜的老皮卡德船长时也是如此。因此，通过这些雄性大象的行为，我们可以比较有把握地推测出雌性大象的结盟标志，比如触觉和声音的问候、凝聚力、共鸣。

为什么别的雄性大象群体中没有发生过这样一种明显的雄性结盟的情况呢？我们观察到，与水不太短缺的非洲其他地区相比，采取结盟形式的雄性大象的联盟也许在纳米比亚的埃托沙国家公园的半沙漠环境中更为牢固。干旱的环境（在分外干旱的年份特别明显）必然具有挤压大象生存空间的效果，迫使它们一起在水坑喝水，并且在可以选择的情况下，与其他选择相比，使它们中的多数成员间更为频繁地互动。

这可以解释我们为什么看到，与特别湿润的 2006 年相比，在干旱的 2005 年，无论是在数量还是质量上，雄性俱乐部内部的联盟比例都更高。然而，与在湿润年份和干旱年份作为整体被采样的常住群落相比，雄性俱乐部成员间的联盟比例也高得多。这证明，在与谁结盟的问题上，存在一种主动的选择。这也是结成团体的另外一种衡量标准。

在水短缺的时候，雄性大象结成友谊和联盟以避免因饮水而发生冲突。在这一环境中，形成针对其他雄性团体的联盟也许因而有利于在严酷的环境中生存。其结果是，雄性大象的社会性会受到环境的重大影响；在干燥的环境中，与别处相比，雄性大象会形成更紧密、更长期的联盟。

因此，要了解驱动一个社会团体的内在结构的潜在机制，就必须了解团体内部的关系动态，以及对这些关系的潜在影响。在描述狒狒、山地大猩猩、黑猩猩等性别混杂的社会的雄性支配等级制度动态上，有详尽的长期数据，但关于雄性大象内部的支配等级制度和结合的证据，已公布的数据则非常少。

支配关系被认为主要基于与年龄、体格相关的固有因素，因为大象的成长发育期很长，雄性大象的发育持续时间则更长。事实上，大象存在极端的性别二态性，雄性的体重是雌性的二倍，身高高出雌性 1/3，预示了一种多配偶的交配策略，雄性之间会发生激烈的竞争。

在这种竞争中，一个雄性和其他雄性竞争，以便和不止一个雌性交配。然而，支配等级制度仅在雄性大象一对一竞争的层面被记录，几乎没有人揭示过它们的社会结构。此外，鉴于它们的繁殖策略，两性结合有一定随机性。

然而，考虑到雄性一年中有很多时间都处于非发情状态，多与其他雄性结伴而行，它们在一起生活的大量时间并不涉及为争夺雌性而竞争。此外，在这些时间内，构建一种伙伴体系似乎在很多方面是有利的，如夺得最佳的果树或最纯净的水，对抗霸凌。如果再往深想，雄性结盟无非类似于击掌庆祝或秘密的握手，为的是消除紧张的气氛。

这些姿势类似于新西兰橄榄球国家队全黑队在赛前表演的哈卡舞（毛利先民流传下来的战争舞蹈）、一种战争呼喊，或划艇队里的鼓手，为了在一种共同的事业中使团队联合起来，步调一致。所有这些东西都被认为强化了个体间的结合，创造了一种集体思想。也许，格雷格至少需要它的"部队"来恐吓潜在的侵犯者，使它们不敢染指那些宝贵的资源。或许，通过获得大批伙伴以及抑制等级结构中其他雄性的激素水平，占支配地位的个体就可以保持更长时间的发情期。

当我观察杰克和卢克在一种大象自己的秘密握手礼中把鼻子缠绕在一起时，我为它们泰然自若地展示一种似乎全身心的喜爱而喝彩。这些雄性大象不羞于在公开场合展示亲密。对于雄性大象中的雄性结盟来说，这的确是一个实例。

多米诺效应

格雷格走向水坑，后面跟着豁鼻和约翰尼斯。

营地在凌晨约 1 点遭到入侵。此时是凌晨 4 点，我注视着一轮红色的宵月正在沉到地平线之下。群星灿烂，映衬着漆黑的天空。我躺在观察塔二层地面上的铺盖卷上，努力保持清醒。在我的印象中，天蝎座的几颗星星从未显得如此显眼。

一只狮子在远处吼叫。我站起来，又倒了一些茶。虽然戴了两层帽子，我的头仍感觉冷。夜晚只剩下两个小时了。

我要值班到日出时分。蒂姆会与我换班。附近地区今年有一群总数为 18 头的狮群，包含好几头令人厌烦的两岁雄狮，我们的运气果然用尽了。那天凌晨，它们中的一员决定要检验一下我们围了一圈的博马布。

2006 年的降雨量之高，创下了 30 年的纪录，在我们的野外考察地点创造出迥然不同的条件，肉食动物显著增加。肉食动物的活跃显而易见，狮子和鬣狗的种群规模都增加了。豪雨过后，跳羚和大羚羊幼崽纷纷出生，而无疑要感谢这些跳羚和大羚羊幼崽，胡狼幼崽也在增加。

种群的扩张有时候导致古老的对手间爆发出激烈的冲突。在有些情况下，这些冲突又会导致殊死的搏斗。被落下的幼崽只是附带伤害的一部分。公园看守报告说，在附近的一个水坑发现了整整一窝被抛弃的幼崽。我们也发现了一只不幸的鬣狗幼崽。它游荡进我们的营地寻求保护，它的母亲很可能已经在一场争夺地盘的战斗中死去了。

在营地（为了防备狮子，营地设置了通电的围栏障碍）附近号叫了两个晚上之后，那只幼崽终于踉踉跄跄地进入了灌木丛，去面对它的命运。我们团队的一些成员请求干预，公园看守要求我们不要这么做。

在这个特殊的夜晚，大约在凌晨 12 点 30 分，蒂姆被从紧挨着我们帐篷的地方发出的一阵猛烈的击打、撕扯声惊醒。那晚我整夜都没有睡觉。在晚上 10 点观察到那一群狮子在水坑安顿下来后，我曾经把头埋进睡袋来躲避月光，想多少睡一会儿。幸运的是，撕扯声惊醒了蒂姆。

我们都坐了起来，发现一头年轻的雄性狮子就在我们的帐篷下面，用面部和爪子攻击着我们徒有其表的栅栏。它已经破坏了防护的假象，我们的安全感消失了。

蒂姆发出了一声怒吼。在这个令人沮丧的时刻，回应他怒吼的只有沉默。虽然如此，营地里的人的酣睡却被破坏了。那头年轻的狮子往后退了退，紧盯着我们。另外三头狮子蹲在几米外的地方，预备为同伴提供着支援。蒂姆（人与自然对抗的）原始的本能被激发出来，他怒火中烧。

蒂姆冲着那些狮子叫喊。我则在帐篷里摸索，想找到某种东西，让蒂姆扔向它们。我递给他一个水瓶。他扔了出去，仅仅偏了一点，不过没什么效果。

蒂姆打开了加强版的驱熊催泪瓦斯。那是我们专门为此带来的。

蒂姆冲狮子喷洒了催泪瓦斯，但它们只是走到了我们的威慑范围之外。由于几乎没有风，催泪瓦斯对我们的危害比对狮子的危害还大。

在把我们所有的钢制帐篷桩扔向狮子之后，蒂姆的嗓音因为喊叫而沙哑。我们爬到了塔上，用激光灯照射它们，并制订出一个计划，指示其他人待在帐篷里。我们随后试图通过扬声器系统播放一些狮子的吼叫声，想看看另一群狮子可怕的吼叫声能不能把它们吓跑。

那些吼叫声只是起到了让这群狮子更加好奇的作用。当众多狮群成员晃晃悠悠地向水坑走去时，它们聚在扬声器周围，兴趣盎然。蒂姆随后设法给扬声器系统安装了一个扩音器，并通过扩音器向它们喊叫。这似乎不仅让狮子觉得有趣，也让营地的其他人觉得有趣。其他人尚未意识到问题的严重性。

我们制订出一个将它们击退的新计划。一个人在塔顶用探照灯照射它们，蒂姆和我则驾着卡车向它们冲过去并鸣响喇叭，我们的志愿者则通过扬声器，像士兵战前叫阵那样羞辱它们。

终于，我们成功地把狮子驱赶回空地的周边，但在此之前遭到了雄性狮子的攻击。我们在驾车过程中非常谨慎，为的是避免遭到狮群包围。此前有好几次，被激怒的狮子在公园里攻击过车辆，一头母狮子甚至通过后窗跳进来了车里。

穆沙拉的狮子群体每年都略有变化，取决于天气和狮子间的关系。由于穆沙拉是一个相当孤立的水坑，周边地域面积太大，非一个稳定的狮子群落所能控制。在过去，我只斗过一些过境的、相当活泼的年轻雄性狮子，或者和一对度蜜月的狮子，又或者和一个母亲及几只几天大的幼崽。我们还从来没有必须对付整整一群在穆沙拉延期逗留的狮子。

第二天，我们联系了温得和克，为的是调度一些额外的电线围栏补给过来。然后我们约见了公园的研究技师约翰内斯·凯普纳（Johannes Kapner），让他在接下来的几天充当卫护，直到补给抵达。接下来，大家开始加固小堡垒，建造出比我们最初的设计结实得多的围栏，并且它成功地把好奇的年轻狮子阻挡在了围栏的底部。有几次，我看到几只狮子在夜里查看底部的电线。一头年轻的雄性狮子甚至把鼻子伸向了围栏，然后猛地把头向后摆，脸上露出怪相，并且大声咆哮。虽然看到它对电击的反应几乎就像被蚊子叮了一口让我有些困惑不解，但新的障碍好像还是起了作用。

围栏也吸引了几头更好奇的雄性大象的注意。它们会在夜半现身，其中包括卢克·斯凯沃克。我观察到它偷偷摸摸地向营地走来，可以说是踮着脚尖，来检查我们新建成的围栏。然后它把身体靠过来，把鼻子伸直，以便用鼻尖之间的部位触碰带电的电线。

它一遭到电击，当场就拉出一泡屎来。一头雄性大象不亚于一辆装满粪便的独轮车。我几乎要放声大笑，但随后就改变了想法。这里毕竟是它的家，我们才是闯入者，并且我们还把它的家变成了一个对它有些许敌意的场所。我安慰自己说，我们只在这里待两个月，然后就会结束整个行动、通电的围栏以及别的一切，把这个地方归还给它正当的拥有者。

与此同时，尽管一些好奇的雄性大象夜里会光顾，但那一季的初始却缓慢得令人痛苦，因为这一地区未见任何象群到来的迹象。大象返回它们的干季领地所用时间要长得多，因为在偏远地区的很多地方仍能找到食物和喝水的地方。因此，这是个不走运的年份，我们不该在6月1日抵达这里。

我们建起营地时，连一头大象的影子都没见着。我开始为不能满足来协助我的志愿者的期盼而担心。万一大象根本不来，会怎样呢？

鉴于自然的不可预知性，我习惯了考察季出错的可能，并且能够在一份提交给出资机构的报告中顺利地为一个姗姗来迟的季节辩护。但是，我现在带着将会为研究做出贡献的志愿者，需要满足他们的期盼，尤其是关于出现野生动物（特别是大象）的期盼。这些人盼着参与我的研究，但万一他们根本无事可做，会怎样呢？最重要的是，我们有个摄制组要来，他们也非常期盼记录下我们的研究，尤其是大象。

我们组织了全部装备，架设起声响和振动设备，用它们进行了测试，接着录制了整个设置过程，但依然不见大象的踪迹。然后我们拧开电子观察数据记录器，进一步琢磨已经编入数据库的行为和限定词，决心在大象终于露面时做好准备。

在经过四天的等待后，到了傍晚，我们的耐心终于得到回报，格雷格及其得力助手豁鼻、新来者约翰尼斯出现了。格雷格一度令人印象深刻的探戈舞如今只剩下两名跟舞者。再次看到格雷格和豁鼻让我们感到激动，但格雷格的其他随员哪里去了呢？它一度控制得那么严密的队伍在哪儿呢？格雷格只和它的俱乐部的两名成员在一起，这非常罕见。

难道更多的水坑选择意味着在一个水坑进行被迫的社会互动的压力减少，抑或意味着不太需要向王者屈服甚至寻求保护？再者，这个新家伙是谁？它看样子和我们熟知的格雷格、豁鼻关系非常密切，但不知为什么，我们以前从没见过它。

那三头大象从北方现身，它们就像三个智慧的老人，拍打着耳朵，缓慢、有目的地走向水坑，先是豁鼻，随后是约翰尼斯，最后是格雷格。豁鼻第一个抵达了水坑，看上去好像对我们在空地另一侧采取的行动有些不放心。这是非常典型的现象。雄性大象通常在抵达后一两天对我们有些警惕，但从此以后它们几乎根本不关心我们的存在。豁鼻斜视了我们一眼，张开嘴进行威胁，并轻轻甩了甩鼻子，然后在水槽头喝起水来。

豁鼻的到来遥遥领先于另外两头大象。约翰尼斯刚进入空地，豁鼻就停止喝水，看着约翰尼斯，并且从水槽旁走开，把它的臀部对着新来的大象。我不确定豁鼻这么做是不是一种恳求的行为，因为格雷格跟着约翰尼斯来到水边；又或者，是不是因为豁鼻没有这头新来的雄性大象等级高。

约翰尼斯经过豁鼻，径直走向水槽边的首要位置。这仅持续了一秒钟，因为格雷格就在它后面，并且很快把它挤走了。这一幕刚结束，豁鼻就在第二的位置，挨着格雷格喝起水来。它们的喝水时断时续。约翰尼斯则到了下游，吸着鼻子。豁鼻时常转过头来，盯着约翰尼斯，目光中透着威胁。在它们持续时间很长的喝水期间，这种情况一直持续着。

至于我们，则着手开始记录它们的行为。由于没有年轻的大象到来，我们并不期盼有大量的互动。然而，我们不想错过关键的等级变换事件。我们记录了一系列行为，其中包括喝水，站立，朝向东，朝向西，往东走，往西走，观望，一动不动，鼻子拖到地上一动不动，朝向南。

格雷格似乎正在非常困难地应对新的社会状况。它已经习惯了自己作为王者的地位，总是由它离开方向，率领团体离开。但是，今天的情况变得有些不同。这一天，约翰尼斯选择了一个方向，并且率先离开了。当约翰尼斯动身向南走去时，格雷格吧嗒吧嗒地甩着耳朵表示反对。

格雷格评估了一下形势，朝向西方，把鼻子放在地面上，一动不动地待了好一会儿，好像要确定哪个方向最安全。最后，它决定向西北走，和约翰尼斯的方向相反，豁鼻顺从地跟着它。

约翰尼斯坚持己见，继续向南。局面逐渐变得滑稽，因为豁鼻似乎无所适从，格雷格则对约翰尼斯的不服从感到越来越恼火。约翰尼斯显然不愿意服从格雷格的领导，豁鼻则显得有些犹豫，不知道应该跟随它的老首领，还是应该跟随那个新来的家伙。它和约翰尼斯的关系似乎已经非常融洽。它先是跟着格雷格走了几步，然后转过身来看着朝另一个方向走去的约翰尼斯，开始跟随它，接着又停了下来，转过身跟随格雷格。豁鼻必然会继续跟随格雷格。这让约翰尼斯形单影只。它最终绕着空地转了一个大弯儿，跟着另外两头大象而去。

虽然雄性俱乐部是一个整体，联系密切，但一些雄性大象的关系变化不定。一些个体和团体走到一起，又分道扬镳，出于目前尚无法确定的原因聚散离合。这不应该过于令人惊奇，因为家庭群体也是在裂变－聚变的社会中不断变化的。

令人惊奇的是干旱年份中众多雄性大象之间保持的持续的联合模式。我们以前从没见过约翰尼斯，这一事实很可能只是意味着，大象的群落比我们已经记录到的情况更为广大，它们的关系比我们目前所能估量的情况更为复杂。

在第一次看到它们后，这三头大象便在这一季里经常出现。我们开始怀疑，我们前一年一直在观察的全部 70 头雄性大象是否离开了公园，并且再也不会回来。我知道情况也许并不是如此，但不知道其他那些雄性大象都去了哪里。

在接下来的几个星期里，一些年轻的雄性大象偶尔会陪伴那些智慧的年长雄性大象而来。但是，在整个过程中，王者表现出了明显的不安全的迹象。它做出了一些夸张的、有些神经质的自我触摸行为，警惕性也增加了，比如持续地一动不动，细细观看，鼻子拖在地上评估替代的离开方向。我们上一季目睹过迈克的警惕行为，如今这成了格雷格全部行动的标签。

更糟糕的是，改变的环境状况产生出了更多的发情雄性大象。这很可能是因为有更多的雌性大象正在进入发情期。由于发情的雄性大象的增加，格雷格似乎越来越难以维持秩序。

除了这一动态，雌性大象对家庭内的年轻雄性大象的出格行为也越来越不宽容，因为它们要一心一意地照料象群比正常情况下要大的"托儿所"。因此，被逐出家庭的年轻雄性大象的数量也比正常情况多。这些年轻的雄性大象对自己没有把握，在处理雄性俱乐部内部的新关系时不知道该向谁效忠，反复无常，导致了地区局势不断动荡。

但是，我想知道，所有的成年雄性大象都在哪里？看上去越来越焦虑的领导行为也许是格雷格为了争取自己的利益而采取的行动。不然的话，即使水的可获取性增加，也至少有其他一些成年雄性大象会愿意和它在一起。除了仅仅端坐在图腾柱的顶端以确保获取最佳的资源，促使格雷格领导的动机还有什么？

重要的是要注意领导能力和成为等级最高的个体之间的区别。

为了确保获取最佳的食物、水、配偶而滥用职权能够导致身处等级结构顶端，但这种等级并不必然象征着领导能力。领导能力意味着做出终将使团体受益的选择，因此追随这样一位领导者将会是有益的。

对于雌性大象来说，这有可能意味着在干旱发生时跟随一个年长的雌性家长去一个遥远的水源地。追随这样一个领导者对个体显然是有益的，并且从长期来看，这也有进化方面的益处，因为与来自雌性家长比较年轻并且比较欠缺知识的其他家庭的雌性大象相比，这些追随者更有可能存活。作为一种结果，经验丰富的雌性家长的追随者更有可能把它们的基因传给下一代。对年长者的益处是，它的家庭基因也将被遗传。

对于格雷格的队伍来说，我们仍不清楚格雷格是不是在召集它的部队中延续了一种领导地位；我们也不清楚，除了群居而非独居的益处（这一益处是由团体共享资源的需要调节的），追随它是否还有别的益处。对于形成团体的雄性大象来说，存在一种进化益处吗？此外，一头雄性大象会通过领导一个团体获得进化适应性吗？

这些问题值得探索。但是，如果没有父系血统的数据，我们很难辨别，在把基因传给下一代上，与独处的雄性大象相比，这个雄性团体内部中的个体是否更为成功；我们也很难辨别，通过为团体做出对团体有益的选择，领导者的适应性是否会被提高。要搞清这些问题，方法之一是查清这些雄性大象是否存在亲属关系。我将不得不就我们采集到的粪便 DNA 进行某种基因分析。与此同时，我们也很难忽视雄性俱乐部里变化不定的动态。它似乎像多米诺效应，雄性俱乐部里的雄性大象已经一个接一个地离开了团体。

黑帮老大

在穆沙拉发情的定居雄性大象中，冒烟儿最引人注目，令人印象深刻。出人意料的是，它既不是最富攻击性的发情雄性大象，也不回避与年轻雄性大象或发情的雄性大象的社交相遇，其中包括凯文。让它恼火的似乎只有两头定居的雄性大象，分别是排在第一位的格雷格和半大的发情雄性大象奥兹。

就在我们想知道一头占支配地位的大象究竟可以维持其统治多长时间时，格雷格在身居最高位置两年之后就被废黜了，而且还是在没有竞争的情况下。那是一个傍午，我看到四头雄性大象从西边出现，就在观察塔的正南方。当它们靠近时，我才看清来者是三个长者，外加一个雄性俱乐部的成员基斯·理查德森。基斯特征明显，尾巴长，毛发浓密且蓬松，左耳中间有个 C 形缺口。约翰尼斯走在最前面，然后是基斯、豁鼻，殿后的是格雷格。

它们排成一条线，慢慢地走着。路过的大象不约而同地侧身瞟了一眼身在塔上的我们，用它们的鼻子底部对着我们吸气。它们似乎对我们特别警惕，在绕着塔转一圈后终于停下了，都朝我们竖起了耳朵。格雷格鼻子上翻，嗅着我们。

有那么一会儿，它们紧紧地聚在一起，一动不动。然后，它们继续绕着塔转，并走向水坑。它们再次停下来，评估了一下水坑的情况。格雷格冲我们抬了抬脚，然后开始吸鼻子。其他大象则站在那里，看着我们，鼻子拖在地上。这不是我熟悉的那群自信的家伙。

格雷格终于呼扇着耳朵开始前进了，也驱使其他大象向前。但是，它突然停了一下，再次用耳朵倾听。然后，它又向前走，在行走过程中垂下了阴茎。其他大象紧紧挨着，距离它们的王者有几步之遥。格雷格又停了一次，抬起头，耳朵冲着塔，再次把鼻子伸过头顶嗅我们。

象群抵达了水坑边，开始喝水。格雷格距离我们最近，一边喝水一边用眼睛斜视着我们。它过去从未如此担心过我们的存在。如果情况安全让它感到满意，那么在横穿水坑抵达水槽时，它们会来一场泥巴浴。

在这一阶段，约翰尼斯把豁鼻从水槽头的位置赶开，格雷格则和基斯待在水槽较低的一端。它们好像仍旧警惕着我们，并且有那么一刻，一匹斑马的报警呼喊好像吓着了它们，因为当时我们没有闹出特别的动静，不可能把它们吓得跳起来。但是，在接下来的几分钟里，从情况来判断，它们显然认为是我们吓着了它们。

在接下来的混乱中，豁鼻把格雷格冲观察塔摇头误当成了攻击行为，跑到了一边，让基斯接近了水槽头。在重新调整以后，四头大象都一动不动地站了约30秒。格雷格一面吸鼻子，一面再次警惕地看了观察塔一眼。

最后，四头大象又放松下来，回去喝水了。接着，基斯突然竖起了耳朵，向西边望去。过了一会儿，他冲观察塔伸出了耳朵。然后，它们又都喝起了水。

格雷格对观察塔这样警惕似乎有些不同寻常，因为它几天前已经来过一次水坑。难道是在别的地方发生了什么情况，才让它比平常更加紧张？

随着时间流逝，格雷格变得越来越不安。它把鼻子放在地上，并且向西方扫视。豁鼻跟着格雷格做，过了一会儿，其他大象也开始效仿。四头大象看上去就像罗盘的四个点，每头大象都处在互相间隔

45°的位置。最后，它们都朝向了西北。

在两头年轻的雄性大象的陪伴下，一头正处在发情期的雄性大象昂首阔步，从空地的西北边缘走来。这头新来的雄性大象（我们后来把它称作冒烟儿）进来时的样子表明了它现在的状态。它交替呼扇着耳朵，把鼻子弯到了头顶，就好像一个被激怒的人朝侵入者挥舞棍子。它也在以惊人的速度滴落尿液。所有的迹象都显示，冒烟儿正处在发情期的顶点。

格雷格立即朝向南方，转过身背对着冒烟儿。豁鼻朝向了东方，约翰尼斯朝向了东南角。当那两头年轻的雄性大象来到水槽边并开始喝水时，它们都扭过头来看。基斯是唯一一头没有背对着新来的雄性大象的大象。

基斯没有被正在发生的情况所干扰。当冒烟儿靠近它时，它正直面着冒烟儿。然而，冒烟儿显然对格雷格更感兴趣。格雷格正扭过头来盯着它。

冒烟儿在水槽头喝起了水。那三个长者仍然背对着它，仿佛在等它的下一步举动。基斯走过去，在水槽较低的末端加入了那两头年轻的大象，也许是感觉到了麻烦正在年长者之间酝酿。

终于，豁鼻慢慢绕过水坑，朝自己的伙伴走过去，以便和它们一起离开。格雷格转过身来，侧对着冒烟儿，朝约翰尼斯退却。它们三个试图迅速离开。

然而，冒烟儿正好挡着它们的道。它鼻子拖在地上，滴着尿液，扇着耳朵，摆出了一种发情期威胁的架势。我们以前从来没有见过雄性大象对另外一头雄性大象如此避之唯恐不及，但冒烟儿迫使约翰尼斯和豁鼻退到了100米之外。让我们感到惊奇的是，格雷格同样谨慎，它垂下阴茎，摇晃着屁股，开始了全面的撤退。

　　冒烟儿这个新家伙究竟是何方神圣？如果要有一个推翻王者的家伙的话，我们也会觉得那个家伙会是凯文。鉴于对这头雄性大象的极端反应，我不禁怀疑冒烟儿出了发情期是否还拥有如此权力。在那一刻，给人的感觉就好像格雷格虽然曾经是穆沙拉的王者，但冒烟儿才是纳穆托尼黑帮老大，也就是教父。

　　够有趣的是，冒烟儿知道谁控制着穆沙拉。格雷格让它感到焦躁的程度好像并不亚于它让格雷格感到焦躁的程度。有那么一刻，冒烟儿显得异常焦躁，结果它走到了格雷格此前拉屎的地方，在一堆堆令人厌恶的粪便上表演了一段夸张的发情宣示。只见它滴着尿液，把鼻子卷到头上，呼扇着耳朵，前腿腾起，嘴巴大张。

　　如果是不熟悉大象行为的人观看这种宣示，那么它看上去也许就像一种喜悦的表达。但是，如果那种判断显然错得太离谱了。这个家伙是一枚睾丸激素炸弹，随时都有可能爆炸。

　　格雷格终于离开了空地，豁鼻和约翰尼斯紧随其后。冒烟儿愤怒地冲它们甩鼻子。我从来没有见过如此戏剧性的撤退，王者自身的撤退更是闻所未闻。

　　冒烟儿似乎满足于它对这些雄性大象产生的效果，回到水槽喝水。这促使格雷格返回水坑，它显然还没有喝够水。豁鼻和约翰尼斯迟迟不肯和格雷格会合，但最终也跟来了。它们现在都出于恳求，垂下了阴茎。

　　当这些雄性大象再次靠近水坑时，冒烟儿看了它们一眼，并开始行动。它耸着肩膀，昂着头，越过盆地，在此过程中引人注目地惊散了一群斑马，并且再次驱散了这些长者。它拖着鼻子，扇着耳朵，或

在水坑边看到冒烟儿时，格雷格第一个失去了常态。冒烟儿处在发情期，我们认为它占优势。但是，无论激素状态如何，这是我们第一次看到格雷格在一头雄性大象面前让步。

者把鼻子卷过头顶，以达到巨大的戏剧效果。

　　那些长者向南绕过了空地，然后又再次靠近了水坑。在此期间，它们扭过头观察着情况。我觉得，它们肯定是真的渴了，才继续这么做，此外它们可能也想通过不完全撤离这一地区，保住它们的地盘。

　　面对它们的挑战，冒烟儿再次腾起前腿，卷起鼻子，并冲它们摆动，直到它们不情愿地决定离开。那些一直在追随冒烟儿的年轻雄性大象似乎有些困惑，在慌乱中四散奔逃。冒烟儿把鼻子挂在长牙上，看着其他大象再次撤离。

　　然而，基斯决定留下。它似乎想和冒烟儿串通一气，当冒烟儿在水槽头喝水的时候向它走去。格雷格站在空地的尽头，再一次与约翰尼斯讨论撤离的方向，现在它已经失去了它忠诚的小跟班基斯。此时，我不知道格雷格在想什么。

年轻的雄性大象似乎对发情非常好奇。如果获得许可，它们会检查一头发情的雄性大象的所有身体特征。基斯花很多时间和冒烟儿聊天，用从鼻子到嘴的问候恳求。然后，确凿无疑，冒烟儿允许基斯检查它直挺挺的绿色阴茎。（由于一直在滴落的尿液，发情的雄性大象的阴茎上会长满藻类，让它看上去绿得令人恶心。）

虽然阴茎被这头年轻的雄性大象摸索，但冒烟儿站在那里，鼻子挂在牙上，让基斯感受它因为睾丸激素得到强化的活力。然后它转过身来，发动了一场温和的打斗。打斗过后，它们相互进行了从鼻子到嘴的问候。冒烟儿好像正在打量这个家伙，把它当成了一个合适的跟班。但是，由于发情的雄性大象被认为不喜欢招募跟班儿，所以冒烟儿的这种行为令人有些困惑。

与此同时，格雷格转过身来，观察着这场表演，好像仍等着基斯赶过来。甚至更加令人惊奇的是，它其实又回去了，从一边靠近了那个雄性之爱庆典的现场，迫使基斯停止了向那位潜在的新领袖表达敬意。

基斯转向另一侧，仿佛在假装什么也没有发生，而格雷格则勇敢地靠近了水槽低等级的那一头。我吃惊地看到，冒烟儿容忍了这一点。同时我也有点儿振奋，因为基斯这时候走向格雷格，垂下阴茎表示服从。

然而，冒烟儿的耐心瞬间就被瓦解。它再次把它们中的两个从水坑边赶走。这时候，基斯似乎站在了更具支配力的那头雄性大象一边，仍然和冒烟儿在一起。难道冒烟儿真的已经成功取得了原本格雷格雄性俱乐部一员的忠心？

格雷格仍不想投降。它绕着水坑的边缘转圈，挑衅性地来了个泥巴浴。冒烟儿则站在水槽边瞪着它。基斯站在两个庞然大物之间，鼻子拖在地上。

在冒烟儿背对着它们的时候，豁鼻和约翰尼斯也抓住机会，又回来了。当它们商谈怎样和冒烟儿保持一种安全的距离时，格雷格决定离开，并且这一次是独自离开的。

它走上了通向西北的小径，挑衅性地扬起灰尘，并回过头来看谁会跟上。正如预料的那样，豁鼻第一个这么做了。约翰尼斯盯着它们，鼻子挂在牙上，不愿意跟随，但最终还是跟随了，不过却是一再踌躇，才做出了最后的决定。问题是，基斯是不是也会加入它们。

基斯看着其他大象离开，鼻子仍旧拖在地上。它是要加入一流的玩家，还是继续忠于当地的王者？他最终选择了后者，跟着其他大象离开了。冒烟儿独自向东走了。果然，正如一头发情的大象不喜欢有随从跟着，冒烟儿抛弃了它的两名下属。

由于冒烟儿的到场，现在有了一头等级高过格雷格的雄性大象。它是一个王者中的王者，比我们的穆沙拉王者拥有更大的权力。冒烟儿有没有可能已经让格雷格丧失了自信？格雷格的行为肯定看上去仿佛失去了优势。

然而，这头此前没有受到过挑战的雄性大象被废黜有可能是暂时的，是以前的发情研究中"轮换"的组成部分，即发情的雄性大象通吃。凯文是我们碰到的第一个例外，它的发情并没有胜过那头占支配地位的大象。这种例外的原因值得探究。

在那个关头，我们还没有见过凯文和冒烟儿相遇。我怀疑凯文非常聪明，不会过于接近这头可怕的、刚刚取代了格雷格的雄性大象。

格雷格暂时仍能够控制凯文，因此冒烟儿应该完全不在凯文的联盟之内。

在和冒烟儿发生过冲突事件后，到访穆沙拉的雄性大象的数量增加了，但格雷格的权力遭到侵蚀的迹象也在增加。这始于他对团体离开的控制逐渐丧失。在此前的几季里，我们曾经看到，格雷格离开水坑，扇着耳朵，发出一声"我们走"的咕噜声，就像一个家庭群体的雌性家长所做的那样，率领着由12~15头雄性大象组成的长长队列离开，场面非常壮观。就它对下属施加的控制而言，这是一种简单但明显的标志。最有可能发出挑战的是某个小家伙，它不愿意走，需要推一下才肯迈步。

到了这一季结束时，格雷格召集它的追随者的能力不断降低。有一天，我们目睹了这一幕。当时，格雷格和豁鼻、约翰尼斯像往常一样抵达，但蒂姆、威利·尼尔森和凯文也在后面跟着。

在整个来访过程中，格雷格似乎更专注于警戒，而非社交。但是，当团体来到水坑一段时间后，格雷格做出了离开的决定，并且朝向南方，谁也不愿意跟着它。这与此前几年形成了鲜明的对比。在此前几年，每当它发出了召唤（低频率的"我们走"的咕噜），其他大象就会做出协调一致、不互相重叠的回应，并且在它后面排成一队。然后，他就会领着长长的队列走出去。

这一次，当格雷格发出召唤时，谁也没有回应，也没有谁跟随。它们仍然继续喝水。格雷格从水边走开，拍打着耳朵，再次发出了召唤，但谁也没有在意。

这就像出自一部以一个糟糕的高中为主题的电影中的场景。男孩子们在停车场上喝酒，而那个一向很酷但最近被新来的坏蛋抢了风头的孩子说："我要离开这儿了。走吧，你们这些家伙。"但是，男孩们谁都没动，而是面面相觑地盯着其他同辈。格雷格的朋友就是这么做的，其他大象选择继续喝水。蒂姆试探性地抬头看了看格雷格，并且有那么一会儿好像要跟随格雷格而去，但最终却没有动。

格雷格站在空地的中央，等着，希望不要夹着尾巴回到水边。看到此情此景，我感到心痛。它又咕噜了一声。没有回应。它继续远离水坑，然后停在空地边缘，再次咕噜，但其他大象置若罔闻。

蒂姆再次表现出不知道要不要跟随的迹象。当格雷格召唤时，其他所有大象都继续喝水，只有蒂姆例外。它停止喝水，抬起头，看着格雷格，然后看着豁鼻，接着又看着威利·尼尔森，最后看着凯文，但能够看到别的大象没有离开的意思。它犹豫不决，用鼻子触着嘴，仿佛仍不知道是跟随格雷格，还是和那些家伙在一起。

为什么它会犹豫呢？蒂姆这时感到了一种对格雷格的忠诚感吗？我们没有办法弄清楚这一点。

格雷格站在空地的边缘，面对着一种令人难堪的困境。它该独自离开这一地区吗？还是该偷偷摸摸地回到水坑，和象群会合？如果它选择后一种，那就太耻辱了。它不断回过头来看，想看看别的大象会不会动身。

在又发出了几次召唤无果后，格雷格决定转过身来，回到水坑。我不知道他回到那里后会采取什么措施。它会因为别的大象不服从它的指挥而殴打它们吗？它会开始推那些年轻的大象，从身体上迫使它们和自己一起离开吗？它会假装它其实一开始也不想走吗？它将怎样找回脸面呢？

果然，它诉诸自己最忠诚的下属蒂姆。我明白它为什么不首先从豁鼻开始。豁鼻虽然是格雷格的得力助手，但不会回应来自一个同辈的爱意。当年龄存在显著差异时，亲和行为才比较管用。此外，蒂姆是唯一一头甚至想回应格雷格的离开提议的大象。

虽然格雷格显然知道它应该靠近谁才能得到最佳效果，但它似乎在展示对凯文的爱意时过了头，完全不符合它的性格。只见它挨着凯文蹭着，给凯文来了一个从耳朵到臀部的全身按摩。虽然如此，在和蒂姆温和地打斗了一会儿之后，格雷格轻轻地碰了一下威利和豁鼻，接着开始第二次发动离开的仪式。

格雷格再次摆好姿势，发出"我们走"的指令。这一次，蒂姆跟它走了。豁鼻虽然不情愿，但也跟了过去。

威利最终也跟了上来。它也许觉得，与其单独和凯文在一起，不如和格雷格、大伙儿在一起。威利受够了凯文的无情打斗，而它好像不具备这样的精力。

但是，就在威利向空地走的半路上，格雷格和蒂姆处在树木线时，凯文赶上了威利，开始了一场打斗。结果，这成了我们迄今为止见过的一场最漫长的打斗。战斗一直持续到了日落后很久。就在月亮几乎完全出来后，我们不用夜视仪也能看到它们的打斗。

打斗在树木和开阔的灌木丛之间来回移动。威利撤退，成功守住阵地，再撤退，又守住了阵地。在此期间，那个固执的霸凌者一直在进行着挑战。在遭到凯文瘦长的鼻子的攻击时，威利缩起了鼻子，绷紧了肌肉。凯文太放松、太自信了，鼻子甩得就像一根消防水管。

两头雄性大象面对面坚守它们的阵地，甚至势均力敌，以免一不留神被长牙戳进侧腹。灰尘在落日余晖中腾起，把两头雄性大象染成了鲜艳的橘红色。往远处望去，可以看到格雷格和蒂姆渺小的轮廓。

凯文会抬起巨大的头，把鼻子甩向威利。威利坚守阵地，只进行了必要的反击，似乎他不想激发进一步的攻击，希望安然挺住霸凌者的肾上腺素，并就此罢兵。结果，威利的忍耐力超出了凯文的预期，打斗持续到上弦月升起，直到凯文决定喊停。最后，它们警惕地朝着同一方向走去。格雷格执行离开纪律的企图已经在混乱中终结，现在则显然已被忘记。

随着格雷格的影响力逐渐减弱，我意识到发情在雄性大象社会里扮演的角色也许甚至比我想的还要复杂。如果发情状态没有允许格雷格的俱乐部里的低等级雄性大象升到等级结构的最高处，那么当它失去对团体的控制时，情况还会是这样吗？是不是只有在干旱的年份，当格雷格能够维持它的团体时，才有可能对其他雄象的激素水平进行抑制？

我们一直希望冒烟儿这样的雄性大象的存在能够给我们提供一些答案。冒烟儿会不会是象群外部压力的一部分，迫使格雷格给予其他大象发情"赦免"，避开为争夺配偶进行的竞争，并且在这个过分湿润的年份造成象群社会混乱的情况下，仍维持对雄性俱乐部的某种控制？或者，格雷格现在不过是又一个疲倦的王者？

发情即魔鬼

两头发情的雄性大象贝克汉姆和查尔斯王子之间的摊牌。

　　一天，在走进空地时，卢克特别激动。它一直弯曲着阴茎。一般情况下，只有在一头雄性大象对另一头雄性大象特别愤怒时，或者因为一个家庭群体在场的情况下，才会发生这种现象。但是，在这个案例中，卢克左边的基斯和右边的杰克似乎都没有走烦它。

　　我迅速了解到，阴茎弯曲还有一个结果，就是射精。我知道这里的其他一些物种也会这样，例如毛果蝙蝠。它在头朝下悬挂着时能够舔它过长的阴茎，直到射精。重复这样的行为有可能让它们在儿童动物园中被展示时多少有些尴尬。

　　驱动强烈的性亢奋的是睾丸激素这个魔鬼吗？众所周知，医生有时候会开睾丸激素来提高病人的性欲。然而，一项研究表明，发情状态会受到了性活动的促进。如果是那样的话，则意味着，睾丸激素是结果，而非原因。

　　正如前面提到的那样，对于调节脊椎动物中的雄性生殖生理而言，睾丸激素非常重要。它造成了在性成熟期间发生的生理变化，其中包括精液和第二性征的产生。睾丸激素与和交配有联系的行为相关，例如攻击和社会统治。睾丸激素水平在一年里起伏剧烈，尤其是在季节性繁殖的物种中。

睾丸激素是一类名为雄性激素、互相关联的激素中的一种。雄性激素主要是从睾丸中分泌，或源自睾丸激素，会引发相关的行为。由于我们在研究中仅记录睾丸激素，它是我们唯一关注的雄性激素。我们认为，它可以作为攻击性和发情的衡量标准。

如果睾丸激素是毛果蝙蝠躁动的原因，也是我们兽欲的雄性大象卢克用它善于弯曲的阴茎做的出格行为的原因，那么毫无疑问，发情期升高的睾丸激素水平将会让这些行为达到巅峰。但是，事实似乎并非如此。当处在高度急躁、不可预测的发情状态中时，雄性大象究竟经历了什么呢？

由于无法采访一头发情的雄性大象，我探究了已知的睾丸激素治疗法，想看看人类的经历是否有助于解决这个问题。在搜索的过程中，我偶然发现了几次全国公共电台采访。在一次采访中，一个病人因为变性手术而进行了睾丸激素治疗，另一个病人因为前列腺癌而进行了睾丸激素抑制治疗；二者形成了一组对照。

在一个睾丸激素治疗疗程终结时，一名希望变性的女性描述了她首次注射睾丸激素后的经历。那是通向变性手术过程的一部分。病人生动地描述了男性性欲的突然升高，说那种感觉就像一台高速运转的性机器，迫切需要表达肉欲的冲动。

那名女性描述说，她做了女性可能厌恶的一些事情，在看到一个有吸引力的女人时产生了一些不适当的反应，例如在对方走过时盯着对方的乳房。她还想转过身去，看看那个女人的臀部。她拼命抵御这种想法，但最后不幸失败了。

那个女人接着描述了她的另外一次经历。那是在机场的一个自动售报机旁，她挨着一个比较有吸引力的女人。她设想她女性的一面会希望请对方和她一起喝咖啡。然而，她男性的一面却幻想逼迫对方，说服对方和她一起走进一个洗手间隔间，以发泄在她体内沸腾的急迫性欲。这些欲望和她的想象的生动让她感到吃惊。

为了断定这些效果中哪些是睾丸激素注射的结果，哪些是睾丸激素加上此前存在的心理状态的结果，重要的是进行一种控制实验。在这种实验中，一组计划做变形手术的女人要么会获得睾丸激素，要么会获得安慰剂（生理盐水）。第二组由对变性不感兴趣的女人构成，也是要么获得睾丸激素，要么获得安慰剂。然后，可以对这两组女人的体验进行比较。

由于无法获得这些数据，《华盛顿邮报》（*Washington Post*）2006 年报告的一个案例也许能让人一窥睾丸激素的效果。这个案例涉及一个性犯罪者，他在他的牢房里把自己阉割了。虽然这一做法争议很大，并且其最终结果并不确定，但那个罪犯报告说，他"两年多没有任何性欲。我的头脑终于摆脱了我过去对年轻女孩抱有的那种不正常的性幻想"。

上面提到的第二个电台采访所涉及的病人由于治疗前列腺癌停止了分泌睾丸激素。他说，缺乏睾丸激素让他陷入了一种精神萎靡状态，在此期间，他彻底丧失了欲望。他解释说，他虽然的确没有感到沮丧，但彻底丧失了性欲。

这种性欲的缺乏可以和其他物种中低等级雄性遭受社会引发的睾丸激素抑制时的感受比较吗？上升的睾丸激素引发的疯狂、混乱的驾驶行为可以和雄性大象发情体验中的睾丸激素汹涌相比吗？在卢克弯曲阴茎之后，我想到了这一点，急切地想知道观察它进入发情期会是什么样的表现。

　　然而，我们目睹的却是一头非常年轻的雌性大象被七头非常激动的年轻雄性大象追逐的场景。不出所料，这七头雄性大象出现了阴茎痉挛。那头雌性大象的家庭正在经历大变动。那七头雄性大象尾随着它的家庭，在水坑附近制造了一个非常混乱的事件。水花四溅，吼叫继之而起，因为每头大象都试图喝水，并且是在同一时间，就好像是大象的狂欢晚会。

　　那头年轻的雌性大象看上去也就 9 岁左右的样子。当它在水坑中央被一头雄性大象骑上身时，咆哮、咕噜的音量明显提高。我不知道年长的雌性大象为什么没有把那头雄性大象推开，因为那头雄象还没到适当的年龄。也许是它们太疲倦了，也许是它们不再尝试逼退那些暴徒。

　　但是，我接着又继续观察了一下，意识到那头雄性大象比我认为的要年长。一头年轻的雄性大象离开家庭时，它至少会和年长的雌性大象长得一样大，而且要强壮得多。最有可能的情况是，那些雌性大象无计可施，只能尝试把混乱对于它们幼崽的影响降至最低。

　　那头年轻的雄性大象进行了几次插入尝试，但没有取得成功。在此之后，那头年龄小的雌性大象朝东面又奔跑起来，避开了那头年轻的雌性大象。很难看到"雌性选择"在这里发挥作用的证据（在雌性选择中，发情的雌性大声吼叫，以吸引发情的雄性。如果发情的雄性在场，那么将把雌性被年轻的雄性围攻的可能性降至最低），但这也许只是一个时间问题。要不了多久，一头发情的雄性大象就会嗅到雌象的气味，听到它的吼叫，把它从那种它不想要的关注中拯救出来。

　　考虑到雄性和雌性之间个头的巨大差异，科学家认为，雄性之间的竞争驱使雄性朝着越来越大的个头进化，以便成功地赢得争夺配偶的竞争。动物朝着个头增大进化的例子很多，例如海象和发情的羚羊。雌性选择的思想是，不是雄性运用个头和发达的肌肉进行激烈搏斗，来赢得对雌性的接触，而是雌性进行选择，与现场之外进行的任何雄性搏斗无关。

这种选择力量在多种鸟类中起作用。雄鸟之所以往往比雌鸟要艳丽得多，原因就在于此。绚烂夺目的雄性和土褐色的雌性是天然的标志，显示雌性在做出选择。雄性孔雀那些精致得有些可笑的羽毛（我也许还可以补充一点，就是因为这些羽毛才便利雄孔雀非常不利于在丛林中生存）之所以长在那里，不是为了吓退竞争者。天堂鸟著名的歌唱、舞蹈、羽毛表演具有非常明确的交配目的。

在一个雌性选择起作用的社会里，雄性取悦雌性的程度会显得不同寻常。在极端情况下，我们可以在"失控选择"现象中看到这种情况。在"失控选择"中，羽毛非常精致的雄性被雌性选中了，导致控制那些表现型的基因被固定在群体里，以至于那些夸张的特征（角、羽毛、艳丽的色彩、精致的教法等等）对一个物种造成了危害，甚至到了有可能导致那个物种灭绝的程度。

在观察这头年轻的雌性大象似乎不顾一切地逃离时，我明白了为什么雌性大象更喜欢和发情的雄性大象交配（就像其他研究所显示的那样）的原因。雌性大象很聪明，会选择一个可以击退一切竞争者的配偶，从而让它可以安静地和一头雄性大象在一起。

但是，发情策略和性冲动有什么不同呢？就性冲动而言，一个雄性制造了一群雌性妻妾，并以巨大精力来保护它们。由于大象生活在雌性家长社会里，把雌性聚在一起并非一种选择。雄性大象在雌性大象的生活中出现、消失，雌性的生活里不包括跟随一头占支配地位的雄性大象。因此，雄性大象不得不想办法潜入一个家庭群体，要么尝试就地偷偷摸摸地进行一次交配，要么和一头雌性大象私奔并和它耳鬓厮磨几天，并在此期间保护那头雌性大象。后一种行为被称作"交配保护"，这样做具有明显的好处，可以防止另外一头雄性大象的精子混入并成功繁殖它可能的后代。

我们的确已经看到，冒烟儿曾经扇动耳朵，腾起脚，赶走了其他雄性竞争者。然而，如果周围没有发情的雄性大象，一头发情的年轻雌性大象就有可能遭遇一个极度痛苦的过程，因为年轻的求爱者不愿意遭受拒绝。这有可能导致一场七八头雄性大象参与的激烈追求，造成长时间的奔跑和体力的衰竭。你简直不敢想象，当雌性大象精疲力竭时，会发生什么情况。

此外，在那种混乱中，易受伤害的不仅仅是年轻的雌性大象。有一次，令人印象深刻、年轻的雄性大象铁石心肠巴尔沃亚公然追逐雌性家长妈咪。妈咪因此被迫和它的家庭分开。铁石心肠绕着整个空地追它。妈咪最终摆脱了铁石心肠，返回了自己的家庭。它的家庭在空地西北边缘等着它，看上去特别烦躁。

它刚一靠近它的家庭，要和它们团聚，一个最扣人心弦的仪式就开始了。家庭成员围绕着它，开始咆哮、咕噜，拍打耳朵，撒尿，拉屎。它靠近时，伸长了鼻子，来问候它的家族。它们虽然只分离了几分钟，但感觉就像分离了很久。很显然，这样的状况对雌性大象的伤害非常大。

这一插曲让人想起动物王国里别的不幸的雌性。在春天，在试图交配的过程中，一群争先恐后的雄性绿头鸭有时会致一只雌性绿头鸭被溺死。在尊重雌性方面，雄性海豚也显然不过如此。在激情之中，以及在打败竞争者的尝试中，海象以压垮它们的配偶而著称。雄性海獭又如何呢？在交配期间，它们会狠咬雌性的鼻子，甚至有可能因此使对方毙命。更糟糕的是，有时候，配偶已经死了，它们仍然继续交配。有鉴于此，我突然对那头发情的雄性大象和它的专一产生了非常欣赏的感觉。

我们又目睹过几次疯狂的事件。它们在新月期间发生频率最高，那时用模糊、绿色的取景器进行探查的条件最不理想。有几次，年轻的雄性大象太激动了，它们甚至互相骑到对方身上。这说明它们性饥渴，无论是真实的，还是闹着玩的。

当一次交配事件终于发生时，欢天喜地的交配后咕噜声会充斥在夜晚的空气里。在低频率的咕噜声中，最令人感兴趣的是那种持续时间长（在一系列重叠的叫声中，最长 40 秒连续发声）、单调的（例如，音高无明显变化）咕噜声，它应该是众多家庭群体成员发出的。

从我较早时候就"我们走"咕噜开展的工作中，我获知，平均而言，一连串咕噜中的一声咕噜持续约 3 秒（雄性稍长一些），或者稍长一些，这取决于环境。有一次，作为一连串"我们走"的离开咕噜一部分，咕噜持续了 9 秒，可能是因为在占支配地位的个体开始离开时，另外有一两头大象加入进来。但是，这种交配后的咕噜是不同的，它持续的时间至少是离开咕噜的四倍，有时甚至更长。如果大象想表达一次交配事件刚刚发生，这无疑是响亮的宣告。

这似乎是自发的团体行为，从性质上说几乎是本能。这一事实让我想知道，除了宣告一头大象将在 22 个月内降生，这些叫声后面是否存在一种推动力。我曾就鸟类世界的发声和激素启动做了一些工作，熟悉听觉（以及视觉和嗅觉）提示的重要性，知道它们起到了"启动"

雌性排卵的作用。这些交配后的咕噜有没有可能起到了相似作用？与我们的雌性狮子不同？雌性狮子需要反复交配来刺激排卵，受孕概率相当于千分之一。在排卵之前，雌性鸽子需要它们的情郎咕咕地叫上一阵子；此外，为了交配和产卵，很多群落繁殖鸟类需要集体展示和特殊的齐声发声的刺激。

详细的记录显示，动物园试图让大象受孕，但成功率很低。也许，动物园缺乏的，正是这些交配后的咕噜。要想交配成功，完成排卵、精子和卵子的结合，这些交配后的咕噜也许是不可或缺的。

与此同时，随着考察季慢慢流逝，成功交配的概率越来越小。发情期高峰好像已经过去，考察季的时间流逝开始减缓。

这几年来，营地一直在扩大。有时，让每个人都满足于狭窄的住宿空间、偏远、寂静的工作环境，成了一种斗争，尤其是在考察季行将结束之际。但是，很多人在食谱创造上找到了慰藉，其中包括我自己。至于其他人，他们的 iPod（苹果公司音乐播放器）让他们挺过了那种令人不安的寂静。

我发现良好的食物有助于让营地成员士气高昂。我喜欢依靠穆沙拉五星"酒店"的食谱，就像别的那些富有创造力的人那样。我们的菜单已经得到扩充，包括烤灰胡桃面（我的面团奶油沙拉酱稍加改造而成，用小块灰胡桃做的，没有使用碎牛肉末）、灰胡桃汤、酸甜派瑞-派瑞辣椒酱鹰嘴豆、希腊卷心菜沙拉，以及中午吃的鹰嘴豆泥沙拉。随着研究的开展，穆沙拉酒店的食谱在品种和复杂程度上都得到了扩充。

但是，到了最后，在厨房里保持精力实在艰难。所有人都累了。

至于我，我一般很晚才睡觉，全神贯注地观察一头孤独的大象安静地喝着水，直到渐渐变大的月亮落到了地平线。有时候，一头犀牛会在水坑开始它乖戾的思考，也会让我全神贯注地观察。只见它来回抽动一只耳朵，然后换另一只，好像它也在尝试破解宇宙的奥秘，仿佛一位早期天文学家在玄想倒映在水坑里的星辰宇宙，把它的耳朵用作了六分仪；好像只要变动它的耳朵的位置，它的所有问题都会得到解答。

在我们离开营地前的那个早上，我醒来时一派黎明前的光辉，一道血橙色的光芒照亮了水坑。我很清楚，那将是我们野外工作的最后一天。我盯着万籁俱寂的景观。红色的盆地如此宁静，让我几乎觉得我的呼吸会打破它。有那么一刻，我觉得整片大地都是我的，就在太阳将把一切转交给风和鸟儿之前。

一头狮子在远处咆哮，把我从黎明前的沉思中惊醒——又到离开穆沙拉的时候了。

多愁善感的大象

杰克（右）和卢克·斯凯沃克（右长牙失去的那
个）把鼻子缠绕在了一起。这是一种容易造成伤
害的表达温情的行为，仅见于最亲密的伙伴之间。

印度人断言，大象的舌头上下颠倒；

要不是由于这个原因，它会开口说话。

穆罕默德·伊万·卡迈勒-丁·达米里（Muhammad Iban Kamal ad-Din ad-Damiri），

《动物的生活》（*Hayat al-Hayawan*），约 1371 年

在 2006 季之后，我被大象迈克吸引住了。迈克是那一季开始时到来的。它的两根大长牙中的一根已经折断，身体的剩余的部分散发着一种孤寂的、恐惧的味道。在到访水坑期间，它不停地吸鼻子，一再用鼻子触碰牙、颞腺、嘴、胸部，给人一种扭捏、不协调的感觉。我逐渐对这种自我触碰的行为产生了兴趣，觉得它可能是社交恐惧的表现。

这种行为让我想起了我们受过训练的大象贵妇。在奥克兰动物园，我们做过一项实验。在实验背景中，贵妇显现了与迈克相似的自我触碰行为。实验的目标是让贵妇监测低频振动。我们让贵妇站在一块金属板上，金属板下面连着一个摇动器，可以通过金属板传递振动。

在实验中，当我们降低通过金属板传递的振动水平时，有那么一

会儿，贵妇开始比较频繁地给出错误答案。当振动处在感受能力的极限时，它感受振动并鸣叫的正确率不到 70%。它低着头，垂着肩膀，一再用鼻子触碰嘴和胸部，就像迈克在不确定的状况下显现的行为那样，似乎显示贵妇在心理上受到了这种失败的影响。

诚然，迈克并没有经历过实验，但即使如此，它不自信的程度实在令人感到惊奇。在它那一季最后一次露面时，当时众多发情的雄性大象中的一头向迈克走去。那头雄性大象昂着头，重重地踩着脚后跟，鼻子在它前脚之间的地面上拖着，盘绕着。迈克屈服了。它跑到了一个安全的距离之外，然后站在那里，吸了好一阵子鼻子，我有些懊悔没有记录这场对峙持续的时间。

我在野外目睹的不确定的行为让我想知道，我们用贵妇和振动板做的实验是否能够帮助我更好地理解穆沙拉大象的生活中存在的社会压力。姿势真的能够告诉我们一头大象的心理状态吗？我是不是可以说，大象的确拥有人类认为是情绪的那种东西？

直到最近，情绪还是专指人的生理、心理、社交、认知、发展状态的一个词。然而，对情绪的看法正在缓慢变化，越来越多的人接受了利用非人类的动物情绪模式的想法，认为它们有可能提供独特的视角，让我们更深入地理解人的情绪。

知觉、注意力、学习能力、记忆力、肌肉、运动神经和其他中枢控制等能力都会受到情绪的影响。了解认知过程和情绪之间的相互影响也许能帮助我们更好地理解一些病症，例如精神分裂症、抑郁症、上瘾、孤独症，甚至老年痴呆症。在这些病症中，情绪和认知受到的损害都显而易见。

由于大象和人类有相似的社会行为，它们有可能成为为理解人的情绪提供一种新视角的理想样本。我现在建立了一种机制，可以检验我是否能够在实验室里的相似条件下，模拟我在野外（在已知的社会环境中）目睹的不确定的情绪。

回到贵妇和我们在动物园里的受控实验室背景，我们在那种条件下能够检验大象的心里不确定性，因为通过模拟不确定的环境，创造出一种特殊的心理挑战。我们给贵妇呈现出一种介于两种相似结果之间的选择，让贵妇越来越难以区分，于是我们观察到一些情绪状态指标，其中包括低头等姿势变化，也包括一些特殊，例如用鼻子自我触摸太阳穴区域、嘴、胸部。迈克在社会不确定的环境中显现的，正是这样的行为。

幸运的是，当我们收集贵妇的脚的震动触觉极限的数据时，我们已经完成了这一实验里艰难的工作。如果贵妇断定金属板的确在震动，那么它就必须做一个是或否的决定，然后用鼻子触碰相应的标杆。当振动降至6分贝时，贵妇开始难以确定是否发生过振动。

如果我们可以从大象那里理解人的情绪，那么我想知道从这些长寿的大型社会哺乳动物那里，我们能就人类童年早期发展了解到什么。关于童年早期发展，人们在非人类灵长类动物身上做过大量了不起的研究。在这些研究中，人们对猴子或黑猩猩做了相似的智力测验（符号搜索，把圆形物体放入圆形的洞里，色彩匹配，等等），然后把结果和对人的测验的结果加以比较。考虑到一头大象幼崽的大脑是一头成年大象大脑的一半大，而一个人类婴儿的脑容量只有成年人的25%（这意味着成年人从事认知过程的资产要多得多），关于童年早期发展，与灵长类动物相比，大象有可能提供一种不同的，甚至更具启发性的模式。这种研究可能就孩子对情绪的了解和体验、做决定、活动水平、社会性、自信心以及父母和儿童之间发生的情感沟通模式提供新的见解。

正如前面所提到的那样，就像类人猿那样，大象是高度社会化的长寿动物。它们生活在广大的关系网络中的等级团体里，构成了一种复杂的裂变-聚变社会。在这样的社会里，聚散离合是家常便饭。人们认为，生活在这样一种广泛的社会网络中与认知复杂化相互关联，并且极有可能促进了认知复杂化。这种水平的复杂化的标志之一是加工改进工具的能力（考虑到比仅仅制作工作有更高的认知要求）。事实已经证明，大象拥有这种能力。举个例子，一项研究显示，大象使用它们非常强壮、善于抓握的鼻子来加工树枝，以便把它们用作鞭子，达到最佳的驱赶苍蝇的效果。

一些人认为，大象采用树枝可以被认为是啃咬行为向工具改进的一种延伸，但与黑猩猩制作并加工的舀取蚂蚁和白蚁的工具的复杂性相比，或与新喀里多尼亚岛的乌鸦制作锯齿状树叶探针或钩子工具的复杂性相比，并不会给人留下极其深刻的印象。虽然如此，根据定义，大象的确在致力于改进工具。也许，比较复杂的工具改进努力尚需被量化。举个例子，很多奇闻记录过，我也亲身观察到，大象使用创造性的工具使通电的围栏短路，以便接近一片庄稼或一处饮水设施。当它在突破一个带电的围栏时，不断尝试使用一根长牙，甚至用前额顶着一块石头，或者向围栏里扔一棵树，以使自己免遭电击。

关于认知过程，大象不仅拥有陆地哺乳动物中绝对数值最大的大脑，其颞叶相比体积也是动物中最大的，其中包括人类。颞叶是大脑皮质的一部分，致力于沟通、语言、空间记忆和认知。鉴于大象的颞叶的相对大小，我们完全有理由怀疑，大象的认知能力也许比我们目前所了解、记录的状况复杂得多。

实际上，大象大脑拥有的皮质神经元和人类大脑中的一样多，其锥体神经元体积（专门的神经元，被认为在认知功能中扮演了关键角色）比人类的还要大，说明大象可能拥有优于人类的学习和记忆技能。最重要的是，最近还在大象的大脑里发现了冯 - 伊科诺莫神经元（von Economo neurons，或梭状细胞）。冯 - 伊科诺莫神经元被认为参与了社会意识的产生和迅速做出决定的能力，原本被认为仅存在于人、类人猿，以及四种海豚中。

这些聪明的动物怎样利用它们了不起的学习、适应能力呢？需要再次指出，非洲大象社会大体上属于母系社会。人们认为，占支配地位的家庭群体成员为整个群体做决定，其内容涉及安全，移动，到哪里觅食，何时靠近饮水处，要避开谁，和谁交朋友。可以理解，对于这个物种来说，长期记忆将会是一种非常重要的生存工具。科学家已经记录到（通过卫星追踪和绘图），大象会使用专门的路径，季节性地沿着路径迁徙，并且这些迁徙路径已经存在了很多年。

2009 年的一项研究暗示，在 1993 年坦桑尼亚发生的一场严重干旱中，与别的大象家庭群体相比，一些大象家庭群体幼崽的死亡率较低，也许是因为大家庭里年长的雌性家长经历了 1958 年—1961 年的严重干旱条件。科学家提出，这些雌性家长记得早期的干旱，带着它们的家庭走出公园，到了食物和水充足的地方，从而使它们和它们的后裔得以存活。我们可以把这种增加的存活率（或繁殖适应性）归因于年长的雌性家长的长期记忆吗？这种可能性令人充满好奇。

时间比较短暂的记忆实验显示，大象能够区分来自已知大象和未知大象的叫声，从而表明大象具有对具体个体的叫声的记忆。这种记忆存储器有利于年长的雌性家长获知一种貌似的威胁究竟是不是真正的威胁，从而让它们得以适当地做出回应并引导团体其他成员。

早在 20 世纪 50 年代，人们就通过一头圈养的亚洲大象做过一项实验，以断定大象是否有区别和记忆能力。实验者教会一头幼年的雌性大象 20 对不同的视觉区分和 6 对听觉区分。在学会第一对视觉区分挑战时，它尝试了 330 次，但到了第四对时，它仅用了 10 次尝试，就知道了正确答案。这一研究证明，大象学习东西很快。此外，实验者一年后又重复了这一研究，研究对象能够记得那些挑战，成功率为 73%~100%。

研究表明，大象拥有学会特征和类别区分的能力。以前，仅有灵长类动物、鸽子和老鼠被证实拥有这种能力。然而，大象似乎展示了分类的能力，能够按照不同的特点和品质把没见过的事物分成类。它们的这种能力超越了众多其他脊椎动物。

在安波塞利国家公园进行的一项田野研究显示，大象能够区分具有生态关联性的对象并将其分类。研究者给大象展示了一些 T 恤衫，以及其他衣物。这些衣物提供了与两个不同的人类种族相关的视觉和嗅觉信息。这两个人类种族分别是马赛人和坎巴人，它们对大象构成了不同程度的威胁。

从传统上讲，年轻的马赛男人要在一种部落仪式中用长矛猎杀大象，而过田园生活的坎巴人没有这样的传统。在首批实验中，实验者给大象呈现了一个马赛男人或一个坎巴男人穿过的 T 恤或其他衣物。大象对马赛人穿过的衣物做出了相当大的惊恐反应，在那些衣物被拿到它们面前时就转身逃走了。大象似乎把马赛人的气味和威胁联系了起来，甚至有可能把那种气味和对一头被猎杀的大象的记忆联系了起来。

在一种相关的视觉联系实验中，实验者会向大象展示一件白色（中性的）衣服，或一件红色衣服（马赛人传统上穿着的颜色）。大象是二色视者。就是说，它们拥有和色盲的人相同的颜色分辨能力。红色和白色对它来说是可以互相区别的。相比白色，大象对红色做出了相当大的惊恐反应。最近的一项研究显示，大象能够识别不同人类团体之间的语言差异，并相应地对危险进行评估，甚至达到了区别性别的程度。

大象是一种长寿、异常聪明的哺乳动物，拥有巨大的颞叶、非常复杂的神经回路，以及相对于别的任何哺乳动物最大的脑容量。考虑到这些事实，大象自然成了认知实验的关注点。科学家已经在评估大象的视觉、听觉和嗅觉辨别上取得了进展，但别的认知实验问题虽容易提出，却不容易探究。用大象做实验带来了如大象般巨大的挑战。

科学家依靠白鼠、斑马鱼、果蝇来做实验，因为饲养、繁殖它们费用低廉。研究者很容易就可以为这样的实验创造一种受控的环境，并反复多次实验，以产生完备的数据集。研究已经就鸽子、猪、狗、灵长类动物做了比较认知工作，但要延伸到用大象做研究，找到合适的研究对象，进行反复实验显然要困难得多。

研究者已经使用动物园里的大象，在听觉、震动触觉灵敏度和自我意识领域进行过开创性的研究。然而，这三种个别的研究仅限于一个样本的规模。（自我意识试验是用三头大象进行的，但只有一头产生了可用的数据。）

科学家早就发现，在一面镜子中认出自己的能力是高度认知能力的一个标志，与人类、类人猿和其他高度社会化的动物相关。通过镜子测验，一个动物对它自己的映像做出的反应会清晰地表明，它看到了镜子中的自己，与认为它看到了另外一个同类的反应完全不同。在典型研究中，实验者偷偷给实验对象身上涂上或贴上一个标志，然后把一面镜子放到它的面前。如果在看到它自己的映像时，实验对象开始寻找它自己身上的标志，那么它就算通过了测验。

人们用亚洲象做了两个这样的实验，以断定在一面镜子前，大象会不会探究可见的标志，或既探究可见的标志，又探究隐藏的标志。在第一次实验中，两头大象对它们的映像都没有做出反应。在第二次实验中，在三个对象中，有一头探究了它额头上的可见标志。这表明，它知道在看的是自己的映像，而非另外一头大象的映像。虽然不像类人猿的反应那样无可争辩，但研究结果值得注意，足以证明进一步研究的必要。

未来的实验也许会让大象有机会在限定的测验环境之外探究镜子，例如把镜子安装在大象围栏中，让更多的个体做出反应，从而产生更可靠的证据。这样的修正也许能够具有决定性地证明大象拥有一种自我观念。与此同时，这些研究者已经证明，大象拥有同情别的大象的不幸、在一个痛苦的事件之后安慰别的大象的能力。（我们经常看到，当一个人类婴儿陷进泥里，或意外与团体分离，他的姐姐或其他雌性亲属会做出关爱的反应。大象的反应与此类似。）

我按捺不住，想使用图画和物体的记忆测验来替换我们用于振动触觉研究的震动线索，以考察贵妇的认知能力。这一次，我引入了在这一领域比我在行的同事——来自洛杉矶加利福尼亚大学的弗朗西斯·斯蒂恩（Francis Steen）和德怀特·里德（Dwight Reed），另外还有奥克兰动物园的职员。我们希望通过两个阶段评估大象的认知能力。首先，我们需要确定大象能否把一个物体（例如，一根香蕉）的图画

贵妇是奥克兰动物园一头圈养的大象。在看到一根真实的香蕉之后，它用鼻子来辨认一根香蕉的图画。

辨认为那个物体的代表。接下来，我们需要证明在看到一根香蕉的图画的情况下，大象能否使用那一图画准确地判断一根真实的香蕉的位置，从而获得真实的食物奖励。获取食物奖励既要求贵妇把一根香蕉的图画辨认为一根真实的香蕉，也要经过考虑并制订计划，以获取那根香蕉。它能做到这一点吗？

　　用于计划的较高水平认知能力的一个核心特征，是在没有补充线索的情况下持续地把注意力集中在一个目标或物体上的能力。对于绝大多数动物来说，一旦一个物体在视野之外（或在嗅觉和听觉范围之外），它就会被彻底忘掉。如果我们记得我们看过一些事物，就有能力产生关于它的心理形象。我们的这种能力也许是在对持续的选择压力的回应中得到了进化。制订、检验、实施个别行动计划的能力也赋予了我们的物种一种优势。

在设计认知能力检验时，重要的是区别两样东西。其一，一种根深蒂固的磁性或嗅觉感觉，例如昆虫、海龟、鸟类可能用来导航的机制（路径整合）。其二，一种对记忆的实际认知运用，比如在脑海中浮现出一棵中意的果树或向水坑的迁徙路径的相关图像。要形成一种心理模拟，需要表现出把一种抽象代表（例如一根香蕉的图画）当作实物（一根真实的香蕉）来对待的能力。在心理模拟中，推论从图画激发的相关记忆里产生。

当我推着第一辆装着香蕉的手推车走向贵妇的围栏时，我知道考察大象认知能力将会是一个漫长的过程。在证明大象可能拥有被称作认知的那种较高层次的思维的过程中，检验它们辨认物体的表现的能力将会是非常重要的第一步。单单证明对物体的辨认并不能提供有力的证据。但是，在我能够制订出整整一套实验计划之前，我需要看看第一个实验是否有效。如果有效，我希望能够利用贵妇来探究大象的认知问题，一次实验差不多需要一手推车香蕉，不论贵妇会把我们的结论带往何方。

实验的第一阶段要求贵妇习得在回应实验刺激的过程中用鼻子触动靶子的能力。我们把照片黏在靶子上，把一个水果（一根香蕉或一个苹果）放在它的前面，训练它触动靶子左侧或右侧上的相关照片。如果它选对了照片，就可以吃照片上水果。

在用过了很多香蕉之后，我们至少开始意识到，贵妇并非最积极的研究对象。这出人预料，因为它已经在回应震动触觉的实验中，成了感受振动的专家，并且真的显得很喜欢那种挑战。但是，当被要求就一张照片做出决定并投入视觉辨别时，贵妇显然根本没有太在意。当然，它显然在享受它意外收获的香蕉。

贵妇的训练者科琳（Colleen）不得不持续地在贵妇的面前挥手，打响指，以引起它的注意，并且让它开始真正地考虑照片。贵妇会把它沉重的眼睑抬起那么一会儿，向上看着照片，然后随意地把它被香蕉弄脏的鼻尖抛到一张照片上，喘一口粗气。香蕉气息和混合了香蕉汁水的口水淋湿了照片，也淋湿了我们。

我们可以分辨出，贵妇正在尝试发现新游戏的规则，但在搞明白我们想让它做什么上遇到了麻烦。我们想让它做一种视觉选择，要么在一根香蕉和一个空白的图像之间，要么在一根香蕉和一个苹果的图像之间。

当贵妇给出一个正确的答案时，我们时常会通过用一个苹果来替换它的香蕉奖励，来检验它的注意力。它立即会瞪大惺忪的睡眼，四下看看，困惑于它一向的香蕉奖励为什么突然被换成了别的东西。

我们的检验的进展不如预期，比振动触觉的研究进展慢得多。问题部分在于大象并没有把视觉当作它们首要的感觉输入来使用。它们往往首先嗅或听某种东西，接下来只是在那种东西上锻炼视力。因此，为了让贵妇把注意力集中在我们提供的鼓鼓的、多汁的水果的可爱照片上，我们颇费了一番周折。

视觉并非贵妇收集关于它的世界的感觉信息的首选，这一点被我们以前的实验结果所证实。当我们震动贵妇脚底的金属板时，它的注意力完全集中在了振动触觉刺激上。视觉在大象身上并不占支配地位，这可以解释野外的大象为什么会因为人的意外接近而受惊，甚至会导致一起致命的踩踏事故。如果一个人处在下风处，并且保持安静，那么大象青睐的嗅觉和听觉就提供不了那个人突然出现在视野里可能需要的预警。

虽然如此，贵妇最终掌握了这种新挑战的窍门，往往不凭借运气就能选择正确的照片。我们断定，它已经为实验的下一阶段做好了准备。

在下一个阶段，我们会给它呈现被藏起来的东西的照片，比如南瓜（大象爱吃的东西），目的是检验贵妇的计划能力。照片将会提供其位置的线索。贵妇熟悉揭示中的位置，例如悬挂在雄性大象围栏里的五十加仑的鼓桶，或围栏里的一个它喜欢的树桩。如果贵妇通过寻找行为回应了南瓜的图像里的信息，那么这将证明，它有能力利用心理意象来制订计划。

这里的决定性因素是，贵妇的搜寻的开始（也许还有过程中）究竟是基于它心理上的南瓜形象，还是基于视觉或嗅觉线索。就是说，举个例子，我们需要确定无疑地区别一条狗搜寻气味源的行为，和一头大象完全基于其描述而非基于嗅到或看到实物而对南瓜进行的搜寻。不仅如此，为了彻底排除嗅觉线索，我们牌子揭示的地点放的是一张南瓜照片，如果贵妇找到那张照片，它会得到一个南瓜作为奖励。如果贵妇真的不靠任何照片或气味提示，就能自主地唤起南瓜的记忆，那么那里的认知科学家将确信，贵妇的确投入了认知思维。这需要做大量的工作，但这是从奇闻走向实验证据的唯一途径，尽管任何了解野外的大象的人都可以想象它们会在雨季开始后向北迁徙，走上一条它们一直在走的道路，知道马鲁拉树会在哪儿，以及马鲁拉果何时会成熟，而这一切似乎都证明了大象具有认知思维。

在贵妇不停地嗅香蕉图片时，我思考起了认知心理学家间的一场争论。这场争论涉及一般的认知的定义。具体说来，就是涉及蜜蜂究竟有没有能力进行认知处理。例如，就像在对著名的摇摆舞（一种8字形的舞蹈，被蜜蜂间用作一种沟通方式）的解释上那样。过去10年，这种观点一再在著名的科学杂志上出现。它之所以引起我的注意，只是因为贵妇连完成看似简单的任务都很吃力，这让我感到困惑。

有个问题完全颠覆了认知领域，即：尽管拥有心理处理能力，但个体蜜蜂是否可以被认为拥有认知。当有人对无脊椎生物能够在任何程度上拥有这种能力提出质疑时，讨论变得激烈起来。与此同时，有些认知科学家支持那种认为机器人拥有认知能力的思想。认知领域显然需要一种既可以应用于人类、灵长类动物、海豚，又可以应用于机器人、蜜蜂、大象的认知定义。

于是，就"认知"一词的正式定义，以及参照的概念，争论继续进行。所谓参照的概念，即一个实物的表现是否可以内在地与现实的另外一种表现相互影响。换句话说，看到一个物体的图像能否激发同一物体的一种心理图像。就是说，香蕉的照片会不会促使贵妇去想象真实的香蕉。由于贵妇把触碰香蕉图像的行为与香蕉奖励联系起来的概率稍高于纯粹的碰运气，这暗示它可能真的在思考，而不仅仅是喜欢香蕉的味道。

但是，结果并没有让我们确信我们将很快获得具有决定性的答案。虽然我们的探索比最初计划的要缓慢得多，但我们决定继续下去，希望得到某种结论，帮助研究大象的科学家和动物保护人士更好地理解支撑一般的大象认知过程的机制，并且也许能更好地促进野生大象群落的管理。由于人类和大象的冲突、栖息地萎缩、偷猎，野生大象群落面临着压力。

　　与此同时，回到穆沙拉，大象迈克在血红的月光下吸着鼻子。我渴望观察它如何结束困境，但也满足于等待和猜想。每头雄性大象将怎样选择策略，如果真的有策略的话？从这里的大象个性的多样性来判断，给人感觉就好像涉及了个体成长和选择。雄性大象会怎样选择伙伴？为什么一些雄性大象只是认识，而另外一些大象即使不是完全无法分开，也几乎难舍难分？

　　我知道，无论答案在哪里，答案里也会存在一个新问题，而这也是科学研究的本质。我还知道，即使永远不会有一个完整的答案，进一步的研究也至少会提供对这一最复杂动物的一种更深入的了解。

　　在我们必须拆除那一季的营地前的那个晚上，迈克又来造访了。它的步伐是那样轻缓，好像是小心地溜进了空地，甚至连在盆地边缘排成一条线的双带沙鸡都要避开，仿佛是它以前的自我的幽灵。它曾经是了不起的领导者，温和的庞然大物。对于包括人类在内的众多社会性动物的下一代来说，它的整体性格似乎是不可抗拒的。我感觉，假如它手下有一批忠实的追随者，它会再度崛起。问题是，雄性大象社会会不会容忍一个仁慈的傻瓜当独裁者，它是否有足够的动机来维持它自己的一支武装。我的脑子里装着这些疑问，把注意力转回了格雷格正在苦苦维持的不确定的政治地位。

重返宝座的王者

阁下格雷格（中间）被它最亲密的伙伴簇拥着，
我们把它们视为"雄性俱乐部"。

　　极端干燥的 2007 季的第一天，随着开始破土动工，营地变得非常嘈杂。我们建了一座三层的观察塔，每层地板的面积都增加了一倍。我们把观察塔建在了盆地的北边，而非南边。第一层用来搭帐篷，这大大地简化了帐篷搭建过程。就算观察塔仍是我上一季末离开时的那种基本形式（一个简单的框架，没有墙和地板），但把铁轨钢结构焊接在一起并且为了防大象所做的特殊处理，并把它竖在地面上的艰巨工作已经完成了。

　　我们刚把卡车上的东西都卸下来，其中包括搭建三层地面所需的木料，大象雄性俱乐部成员就齐刷刷地到了。一共是 7 头雄性大象，格雷格打头。它们没有被我们制造的混乱吓住，径直走向水坑。

　　虽然要参加所有的搭建工作（我们只剩几个小时的日光可以利用，并且需要把博马布搭起来以保证营地的安全），我仍忍不住和那些雄性大象待了一会儿。这主要是因为，2006 考察季是非典型的，无论什么时候都只有俱乐部的一些成员出现。雄性俱乐部终于回复到完整的状态，我急于了解俱乐部成员的情绪。

　　我迅速在塔下支起一张桌子来放我的相机包，开始拍摄照片，其他人仍在卸车。在左侧护卫格雷格的是豁鼻、查尔斯王子、戴夫，在右侧的是基斯、可怕的马龙·白兰度（加入俱乐部的时间较晚）、泰勒。现在看来，这将是一个有趣的年份。

我有意晚抵达了两个星期，就是为了确保大象们已经返回这个地点。果然，它们来了，看上去就像电影传奇中的落水狗，格雷格则重新执掌了权柄。这一年如此干旱，就像 2005 年的那些好日子，大象的群体的规模要比去年大得多。我推测，一种严格的等级制度也将重新建立。

马龙·白兰度对格雷格来说将是一个严峻的挑战，我希望看到双方关系在考察季里将怎样发展。我还想知道冒烟儿会不会回来，或者穆沙拉水坑是否还在它通常的活动范围之内，还是说只是由于 2006 年雨量很大，才让它比平常游荡得远了一些。

除了首先要把博马布搭起来，我们还需要搭起帐篷。这两样加在一起，可以让我们在第一个晚上睡个安稳觉。虽然风相当猛，我们接下来还是加紧了剩下的营地搭建工作。我们挖了围栏柱洞，还挖了一个深洞做厕所，组装了厨房帐篷、粪便检验站、音响设备帐篷。

我们在塔的每一层都铺了地板，在层与层之间放上了梯子。之后，我们支起个人帐篷。营地慢慢成形了，大象雄性俱乐部成员则在水坑边冷眼旁观。我们将在第二天给塔装上加固横梁。

《巴尔的摩太阳报》（*Baltimore Sun*）的一个记者和我们在一起。在搭建营地的过程中，他记录下我们的进展以及大象雄性俱乐部的情况。其间曾经出现了中断，因为塔基处一些栏杆被移开后，出现在了一条侏儒蟒。我们把那条蟒蛇安全地放进了一个冷藏器里，开着车来到空地的边上，把它放了。蛇在旱季并不常见。与栖息在公园里的那种有毒的、具有攻击性的蛇相比，蟒蛇要受欢迎得多。我们的运气还不错，从来没在那个地点看到那类蛇，特别是黑曼巴蛇。

在地板板材铺到第三层时，我爬上去看了看。第三层有 8 米高，让我有些紧张。我想看看，我是否还有上一季最后一天爬上去时的感受。我爬上了部分建好的新塔顶部，处在令人意想不到的高度，感觉有些眩晕。

与旧塔相比，新塔的视野要开阔得多。从各个侧面都能望见树木以外的远方。站在结实的地板上，大大减轻了我以前的那点儿眩晕感。我知道，一旦我们给各个侧面和每一层塔的后面焊接上横梁，那种轻微的摇摆感觉就会消失。

相比旧塔与象群间 120 米的距离，从新塔 80 米的距离观察大象要近得多。我们更容易记录大象的姿态和表情的细微变化。

我发现，查尔斯王子和蒂姆之间的关系依旧紧张。看到它们在同一群体里，让我感到吃惊。蒂姆在保持距离。在泰勒经历过睾丸激素涨落之后，追踪它将变得有趣。它现在仅仅依靠着马龙·白兰度。这似乎是个聪明的选择，因为豁鼻也许已经对泰勒失去了耐心。戴夫则长于它一贯的向王者献媚的路数。

与此同时，在下面，厨房帐篷和桌子支起来了，厨房也快要装好了。周边的柱子已经竖了起来。它们上面缠绕着五根金属线，以支撑博马布。空气已经达到了它傍晚的静止状态，没有风意味着该把博马布铺开并把它们绑在金属线上了。

我既不想错过雄性俱乐部的任何行为，又需要监督地面上的行动。于是，我让一个志愿者负责录像，以便我以后能够看录像带，不漏掉它们的重要行为。我架起录像机、三脚架，摆了一把椅子，让一名幸运的志愿者暂时摆脱了体力劳动。

在爬下各层地板之间的梯子时，我又一次比较了新塔和旧塔之间的差异。新位置是主要差异。它在水坑的对面，面对南方，正如部里的要求那样，从地堡望出去望不到塔。这种新优势需要花些时间来适应，但一些细微差别只是到了后来才变得明显，例如塔与日升、日落的相对位置。旧的、面对着北面的塔在空地的南边，能够让人更好地欣赏日升、日落的红色、橘红色霞光。新塔在美学上的确是一种牺牲，但观察条件加强了，从而更加平衡。

我探访了我在斯坦福大学教的学生明迪。她在挖造长距坠落式厕洞时极其认真，目前已经消失在了洞里。她一直没有放下铁锹，决心独自完成那个任务。她从洞里爬出来，喘了一口气，擦了擦额头，惹得我们全都哈哈大笑。她已经完成了任务，深洞厕所已经可以使用了。

就在我们围起营地的最后几英尺围栏时，太阳也正在西沉。一头狮子在远处嘶吼。这种原始的呼唤产生的压力波刺穿了我们的胸腔，让我们的心脏怦怦直跳。它提醒我们，我们还没有完全征服自然，在这里我们毕竟仍是猎物。随着大门关闭，2007 考察季正式开始。

在整个季节里，格雷格保持着对它的俱乐部的控制。它率领着一队体形各异的雄性大象。当它们抵达水坑时，它们让王者在泉眼处喝水，没有发出挑战。由于可获取水的地方不多，等级制度再一次确立了起来。

有趣的是，尽管前一年出现了混乱，等级并没有改变多少。雄性大象们再一次和格雷格一起到来，并且甚至遵照它的建议离开，以一阵"我们走"的咕噜声开始。对于当地的俱乐部来说，一切都恢复了常态，只有一个变化值得注意。

　　与上一年相比，格雷格的暴君色彩淡了一些。也许它意识到，就保持权力而言，与使用惩罚相比，说服的力量是一种更为高明的技巧。也许，在上一年经历过它召集队伍被忽视时发生的情况后，它知道，为了待在最高位置，它对支持者的关怀要稍微多一些。也许，它意识到，自己需要改变策略，对伙伴稍微温和一些。

　　这并不意味着格雷格不再固执。在三个考察季里，总体来看，与其他任何一头雄性大象相比，它的确展示了更多攻击性行为。但是，我们高兴地看到，它能够调整它的行为，在能够控制它的队伍时缓和了攻击性的互动。

　　就动物为何形成等级结构的理论而言，这很有意义。当一种线状的等级结构业已形成，维持等级秩序所需的攻击性行为就会少一些，因为每个个体都知道它的位置在哪儿，于是冲突就被降到了最低程度。当不存在等级结构时（就像在我们的第二个考察季里所展示的那样），所有雄性大象都表现出更多的攻击行为。这也许是因为它们不知道每个个体在等级结构中的整体地位。

　　并非所有雄性大象都对它这一季的地位感到满意。7月的一个傍晚，在忙于从地平地堡给雄性大象拍摄照片时，我得以近距离地观看了格雷格冲皮卡德船长摆出的攻击性姿态。出于某种原因，格雷格对船长充满敌意。每次船长露面，格雷格都变得非常激动。不仅如此，在没有教唆别的大象效仿它的情况下，豁鼻就站在了它的一边，参与了霸凌。

　　这一次，格雷格给船长来了一个我所见过的最夸张的耳朵折叠，前腿原地跃起，然后伸直鼻子。那种威胁看上去有些搞笑，然而它并没有开玩笑。就好像绿巨人变身那样，只见格雷格激情高涨，冲着对手扬起脖子，咬紧牙关（在大象的语言里，这是一种公然的威胁），但并没有迈步向前。看到船长继续接近水坑，格雷格迎面向它走了过去。

看到格雷格冲它发火，船长好像吃了一惊。也许，格雷格摆的姿势是船长迟迟没有入场的原因，但船长最终没能耐住口渴。

豁鼻显然注意到了这一切，因为它停止了喝水，走了过去，站在格雷格的旁边，竖起耳朵，抬起头，支持格雷格发出的威胁，有效地封锁了船长接触水源的道路。船长把自己置于了一个极为微妙的处境中，不得不表示让步。它拖着脚，肩膀向前晃动，始终绕着水坑转，啜饮着浑浊的水。

这一切都是在通常的"演员阵容"在场的情况下发生的。在这个节骨眼儿上，它们避开了那种表演，继续喝水。它们是威利·尼尔森、凯文、蒂姆、基斯·理查兹、卢克·斯凯沃克、杰克·尼克尔森、新来者弗兰基·弗雷德里克斯。此外还有一个新来者，它的耳朵完好无缺。我近距离地给它拍了照片。描述非常年轻的雄性大象的特征总是更难，因为它们的耳朵磨损、撕裂程度不及较年长的雄性大象。我一边全程记录撤退的船长的情况，一边拍了一些不错的识别照片。

我不知道皮卡德船长究竟做过什么，也不知道它为什么被逐出了雄性俱乐部，但无论是什么原因，船长这一季都肯定难以和每头雄性大象和平相处。它甚至遭到了低等级的泰勒的排斥。船长是我们这个地点最年长的雄性大象之一，并且自打我们认识它起，它就一直显得相当无害，在涉及雄性俱乐部的事务时从不发怒，但也确实在无论哪一季都没有长期出现过。

这一季有些不同。皮卡德船长不安的姿态已经变得非常明显，我们远远地就能把它辨认出来。只见它站在最接近的树线里，纤弱的肩膀低垂，在很长时间里畏缩不前。它好像没有进入空地之前就预料到会遭到排斥，就在那里等着，直到渴得实在受不了了。然而，这好像不合逻辑，因为它完全可以把它喝水的时间和雄性俱乐部喝水的时间错开。但是，无论出于什么原因，无论它想还是不想，它都在后面悄悄跟着那群快乐的家伙。

由于遭遇了一次霸凌，船长上次的来访显得特别辛酸。这个霸凌者是新来的，非常年轻，名叫马尔福。当船长非常天真、安静地站在水槽头喝水时，那个年轻的家伙慢悠悠地进来，侧着身从处在水槽头的船长身旁走过。船长伸出鼻子，给那头新来的雄性大象一个从鼻子到嘴的问候。然而，风云突变，那头雄心大象用头拱了船长，还用鼻子抽它。我们不知道马尔福为什么突然翻脸。

马尔福非但不尊敬长者，还坚决地追打船长，吓得船长顾不上喝水，为了保命而跑开了。我没料到它能跑得那么快。

马尔福一直追着船长，追过了空地。体格瘦小的船长迈着僵硬的腿，摇摆着头，跑着。船长究竟做了什么，才遭到如此对待？它不大可能被认为是一个威胁啊！

但是，原因也许正在于此。也许，船长的虚弱让其他大象不愿意亲近它。它是不是病了，并且被其他大象发现了？它们有没有可能认为它得的是传染病？要不然的话，为什么无论老少，大家都排斥它？

这样的行为在动物王国里屡见不鲜，在人类中也是如此。由于炭疽热对于埃托沙的环境来说是常见病，并且每年都有大象死于这种疾病，或大象们能够察觉到哪些大象即将死去。这真的是一个谜。

那天傍晚，当我继续在阳光下拍摄照片时，所有大象都露面了，其中一个非常像小刚果·康纳。自 2005 年以来，我们就一直没有见过它。我把相机从眼前拿开，想好好看看它。我拿起望远镜，看着它的耳朵。它左耳的中间有缺口，左边的长牙比右边的低，右牙断了，圆耳朵小小的。它的确是刚果。

它在那里，给人感觉宛如昨日。它和别的雄性大象径直走入场地，给了蒂姆和威利大大的问候。它把鼻子放进了蒂姆的嘴里。蒂姆斜靠着它，好像在说："嗨，小家伙，你以前跑哪儿去了？"

刚果随后问候了威利。它先把鼻子放进威利的嘴里，然后用鼻子卷住威利向上弯曲的大长牙，并且靠过去，好像要在和威利握手的时候拍拍威利的肩。它的问候里肯定有夸耀的因素，就像一个冲浪者或一个滑板选手那样，在从一个大 U 形滑道里出来后，走向伙伴，来个击掌庆祝。我决心着手分析它自信的、老于世故的自我。

太阳正在下沉。就在那些雄性大象开始离开时，一个家庭群体抵达了。刚果这次是和它年轻的导师、伙伴蒂姆一起离开的，蒂姆则继续遵守着雄性俱乐部的一种有序的离开模式（威利是个例外，它对雌性朋友的喜好好像胜过对雄性朋友）。我希望这对于刚果来说是一种日常生活的开始，我想更多地看到这个生气勃勃的年轻雄性大象。

当刚果和威利离开水坑向西走去时，我赶在天黑之前，抓紧拍摄了威利和它的雌性仰慕者的照片。它容忍了我的存在。我站在挨着它的地堡里，通过观察口拍摄它，而它则在招呼正在经过的雌性朋友。

无论原因是什么，威利在对付雌性大象方面都肯定很有一套。在雌象经过时，它们都喜欢用鼻子触碰、问候威利。它们对雄性大象一般不会这样。雌性大象一般把雄性大象视为讨厌的家伙，会轰走稍有不轨的年轻雄性大象，完全无视较老的雄性大象。但是，雌性大象似乎很喜欢两头雄性大象，对待它们的方式非常不同。这两头雄性大象分别是威利和加库鲁。威利是我们这里的定居者，加库鲁则相当孤独。它们是我们见过的最温和的庞然大物。

有没有可能，雌性大象更喜欢行为良好的雄性大象的出现，而非那些霸凌者？非常有趣的是，这些行为良好的雄性大象也是年轻的雄性大象的优秀导师。这好像不大可能成为雌性选择的因素之一，但这些事件的确让我怀疑，雌性大象是不是知道，有这些温和的家伙照顾它们的儿子，它们的儿子将会有个良好的生存环境。截至目前，看样子越来越有可能的情况是，绝大多数母亲都想粗暴地摆脱它们成年的儿子，根本不考虑它们离开家庭后的社会前景如何。

另一方面，在那些雌性大象抵达之前，格雷格已经率领别的雄性大象离开了。格雷格好像对和雌性大象厮混不感兴趣，故意在家庭群体引发混乱之前离开了。除了赢得雌性大象的青睐，支配地位显然还要服务于其他目的。

我看到，威利查看了那些年轻的雌性大象，也允许家庭群体里的年轻雄性大象查看自己。我仿佛听到了和它同名的那个人的抒情诗在我脑海里回荡："今天，以爱的名义，我做了我能做的一切。"格雷格已经顺利地回到了驾驶座，但威利坐在后座，逍遥自在。

关
闭

一轮新月初上的夜晚的穆沙拉营地。

2007 季就像它的开始那样结束了，大象们的活跃一如既往。虽然有这样或那样的出格行为，大象们这一年似乎成熟了一些。这可能是因为重新确立的等级秩序。在重新安排等级过程中，尽管绝大多数大象回到了它们以前的位置，但杰克却脱颖而出，位次提前了不少。2005 年，它排名第 12 位。这一年，它攀升到了第 7 位。它与伙伴们进行的那些鼻子缠绕的亲切对话好像都获得了良好回报。

不出所料，凯文攀升到了第二位。此外，很有趣的是，在这一季，它从未显示出任何发情的迹象。难道，要成为俱乐部的正式成员，就不能发情？

虽然加库鲁在 2006 季没有现身，但它前几年曾是这里的常住居民。它的重新出现让我们感到意外。在过去，它差不多是个独行侠。除了经常和它的雌性朋友一起到访，它完全避开了俱乐部。这好像是因为它和格雷格发生了口角。但是，这一年，它变得合群了，主动发起了社交提议，这里来个从鼻子到嘴的问候，那里来个身体摩擦。这种角色反转很有趣，我们没有办法知道这是由什么导致的。毕竟，格雷格依然在掌舵。这是一个"如果你打不败它们，就加入它们"的案例吗？

唯一严重的争端发生在威利和查尔斯王子之间。那是一次过去的口角的继续。我们 2005 年就曾注意到，在围绕着水槽头跳的一场踢踏舞中，威利赢得了挑战，时不时地隔着水槽结结实实地踢王子一脚，以强调谁才是老大。要惹恼威利这样冷静的家伙并没有那么容易，但王子肯定在路上干了什么，因为在 2007 季的一天中，威利甚至根本不想让王子到水坑边来。

当威利靠近水坑时，它不时回过头张望。在它后面的一个地方，我们看到查尔斯王子从灌木丛里出现了。就在威利进入空地并走了一半路时，王子从隐蔽处出来，跟着威利向水边走去。

威利转过身来，面对着王子。威利尽可能站直，伸出了耳朵。它摆的架势好像在说："你要想和我一起喝水，除非从我的尸体上跨过去，小子。"但是，查尔斯王子看着威利，继续行走。它绕着威利转了半圈儿，又往前走去。这让威利感到慌张，它大步向前走去。就在王子穿越盆地靠近水槽头时，威利在路口拦截住了王子。"嗨，你不能过去！"

但是，查尔斯王子又一次评估了威胁，然后选择继续向水槽走去。威利狠狠地跺起了脚，好像因为它拿这个小流氓没辙而感到愤怒。当查尔斯王子在水槽头喝水时，威利站在那里盯着它。我发现自己低声说："这块土地上还有真正的男子汉吗？"威利好像担心自己是一个了不起的种类的最后一个个体。

当考察季结束前一天太阳落山的时候，我不得不花时间思考考察季何以结束得如此迅速。大象的活动太多，考察队忙着收集数据，处理粪便，根本停不下来。

随着离开的时刻越来越近，一切都似乎更加紧张了。星星显得特别明亮。我不禁醒着不睡，最后一次观察南十字星座划过天空。

第二天注定轻松不了。整理营地从不轻松，无论是情感上，还是身体上。我从头至尾看了一遍我需要做的事情的清单。要干的活儿很多。我们还必须按照一种特殊的顺序来处理，因为只有这样，我们才能在拆除安全栅栏、整理装备的过程中保持安全。

我给我的清单上又增加了几件事情。由于我们这一年建造了一座新塔，加之所有的帐篷都搭在了第一层，拆卸将比较容易。但是，我忘了提醒自己从塔腿儿拆除气温计。我在地面上安装了一个气温计，在两米高的地方安装了一个，在第三层、距离地面 8 米处安装了一个。现在，我需要把它们收回来。

这些气温计记录了我们的田野季从白天到晚上的气温，以便我们能够断定大象的活动、交流、社交模式是否与气温变化有关。根据在这个公园里进行的一项气象学研究，我们获悉大象在晚上交流较多。这也许是因为，在那段时间，声响通过空气或地面传播比较容易。

到了傍晚，随着太阳落山，气温急剧下降，冷空气形成一个通道（就像一根管子），使声响可以更有效地传播。在海上也会发生同样的情况，蓝鲸就利用这种"声响通道"（称作声发通道）来进行远距离沟通。这可以解释大象为什么往往在天黑下来之后进来喝水，就好像在拥有更为清晰的沟通线路的情况下，它们能够更安心地移动。

到了此时，南十字星座正在斜着落向地平线，就像在大风中被迫降下的轻帆。加上半人马座（在南十字星座的左下边）的阿尔法星和贝特星，这两个星团可以让茫茫大海上的航行者在凌晨分辨出真正的南方。画两条线，一条起自南十字座轻帆的顶部，一条从两颗极星中间穿过向下，直到两条线相交，然后从那里画一条径直下到地球上的想象中的垂线，你就能够可靠地分辨出南方。遐想着在南十字星座的导向下在南方的海洋上航行，我进入梦乡。

　　第二天，做饭的声音惊醒了我。那是用当地食材做的特殊的最后早餐，也就是帕普。帕普是用捣碎的土豆做成的粥，像晚餐时吃的粉状饭。还有几种配料可以选择，其中包括奶油、蜂蜜，或南非甘蔗糖浆。如果我们的储藏里还有剩下的花生和葡萄干，也会扔进去一些。由于在田野季里我们锻炼太少，我一般即使早餐也不会吃太多。但是，整理营地需要艰苦的体力劳动，因此那成了我为数不多的敞开肚子吃喝的日子之一。

　　早在几天前，我们就开始了拆卸过程，整理了全部研究录像带、全部粪便样本，以及营地各处我们最后几天用不着的东西。等到了最后的拆卸时，事情就变得比较容易了。团队中的一部分人拆除淋浴，另一部分人掩埋厕所。接下来就是拆卸厨房和粪便处理站，打包录像设备。

　　就在我们整理营地时，我们长期的研究助手约翰内斯也过来协助我们拆卸。等到所有的卡车都装好后，太阳又开始下沉了。那将是那一季我们最后见证的穆沙拉日落。我们凑合吃了一顿罐装蔬菜咖喱粉饭，最后一次看着弯耳朵和它的家人在水坑喝水。

　　约翰内斯和我边吃边聊。他问我，我还需要来多少年，才能完成我的研究。我看着他笑了。他知道答案，不用我说什么。虽然这些年来他的英语一直在提高，但即使没有语言，我们的关系也越来越近了。他笑着对我说："凯特琳，你的成功像个轮胎，只是轮胎会因为磨损而越来越薄，你的轮胎则越来越厚。"

　　当我试图找些有意义的东西来填补那种沉默时，他羡慕地摇了摇头。我能做的就是报之以微笑。

　　就像绝大多数我们离开的早上那样，第二天早上进行得有条不紊。

大家打包用的时间比预期的长；有几个盘子出人意料地需要洗洗，再放回厨房盒子里；装备盒子需要用胶带扎住，存放在奥考奎约；还要把最后时刻用的一些物件塞进一个箱子里，箱子里的东西不可避免地乱七八糟；甚至我还没有离开，就有些犹豫并渴望回来；循环再利用的物品的数量之大让我们苦恼，我们从来没想到会有这么多；我们默默无语，然后虔诚地向这个非常特殊的地方道别。最终，又一个了不起的考察季已经结束了。

『臭味相投』

大象的嗅觉很灵敏，常常依靠从远方传来的气味和声音，之后才会使用视力来关注某种有可能具有危险的东西。

在美国很多酒吧里，喜欢举办刺激香艳的"湿 T 恤比赛"。但是，科学的"臭 T 恤比赛"又是怎样的状况呢？这种测试旨在检验女人辨别男人的体味，把熟悉的和不熟悉的区别开来并最终在理论上总结出一个基于气味的、适当的配偶选择的能力。这种测试与我的大象研究有关。在研究中，我已经开始想知道，雄性有可能怎样选择它们的友人；亲缘是否是一个因素；当生活在家庭群体之外时，气味是否在父亲认出儿子方面发挥了作用。

我们都携带着一种气味。这种气味指示着一组迥异的基因。在免疫反应的发动上，这些基因发挥了关键作用。说起来有些奇怪，甚至令人毛骨悚然，但我们的确能嗅到他人的基因。有越来越多的证据证明，主要组织相容性复合体（major histocompatibility complex，MHC）内的基因影响体味，并进而影响基于体味吸引力的配偶选择。在这方面，并非只有我们在行。鱼、老鼠、绵羊也显示，它们长于嗅出一个合适的配偶。但是，这怎么会和雄性大象的关系挂上钩呢？

在最初的 MHC 研究中，科学家设想了很多种可能。但是，结果却证明，人们选择的配偶拥有和他们自己的 MHC 基因不同的MHC 基因。当然，也并非完全不同。要解释这种技能如何在自然中进化，要回到一种思想，即：避免亲繁殖。近亲繁殖有可能导致基因库弱化，产生先天性缺陷。事实也证明，MHC 基因越杂合（或多样），免疫系统应对病原体的能力越强。

同样重要的是，不能挑选和自己太相异的配偶，因为太相异的基因也许代表着不适应的特征。因此，如果一件 T 恤特别令人讨厌，那么就有可能牵涉不止一种本能反应。排斥恶臭也许有着很好的进化原因。

1995 年，科学家组织了一组 MHC 特征已知的男学生，让他们穿着完全相同的白色 T 恤睡了两个晚上。在睡觉的时候，从汗腺分泌的分子化合物熏染了测试对象的测试 T 恤。

回到实验室，科学家把六件测试对象穿着睡过的 T 恤分别放进六个盒子里，让女人们嗅它们——其中三件 T 恤与她们自己的 MHC 基因特征比较相似，另外三件比较相异——从中选出最令人愉悦的那件（或者，在这个例子中，是最不令人不快的那件）。最令人愉悦的类别与性吸引力高度关联，因而增加了性交的可能性。

在一次更为精巧的测试中，正在排卵期的女人倾向于选择最相异的 MHC 样本；怀孕的女人则倾向于选择最相似的样本，也许是因为孕妇激发了一种原始的共同筑巢的本能，激发了那种在家庭周围以利于养育孩子的欲望。那些吃避孕药的女人也会选择相似的样本，不选择相异的样本，显示类固醇能够遮蔽分辨气味并做出适当反应的能力。

但是，人类还发明出各种遮蔽个人体味的工具。提示：当心香水和花露水，它们会妨碍你进化出的嗅觉技能！

这些研究之所以和我们的研究相关，是因为雄性大象或许是基于一种探测家族秩序的能力而结成友谊的。此外，在 2007 考察季之后，我们有了分析来自一些雄性伙伴的粪便 DNA 的机会。由于预算有限，必须认真选择研究对象。我选择了雄性俱乐部的主要成员，其中包括格雷格、豁鼻、亚伯、蒂姆、基斯、戴夫、迈克、凯文、威利、杰克、卢克和查尔斯王子；然后又挑选了一些在俱乐部里进进出出的雄性大象，例如加库鲁、泰勒、刚果；以及一些来自卡米勒朵灵、和俱乐部从未有过互动的雄性大象，例如卡博菲、马兰。

我们随后开始了一种相当详尽而复杂的过程，从粪便中提取DNA，把名为微卫星基座的小 DNA 序列（重复的 DNA 序列，不同的个体之间是有变化的）扩大，然后给每个样本排序。每个样本都由构成基因组的四种核苷酸碱基（腺嘌呤 -A、胸腺嘧啶 -T、鸟嘌呤 -G、胞嘧啶 -C）排序的变更组成。我们按照一种标准，比较了它们的序列的变化性。这一标准是我们根据三对已知的母子的状况制定的。我们收集并分析这三对母子的状况，将其作为对我们的大象群体中第一顺位亲属（就是说，要么母子，要么兄弟姐妹）的对照。通过这种比较，我们发现，与大象群体的其余部分相比，雄性俱乐部中第一顺位（父子或兄弟）、第二顺位（表兄弟）亲属的程度很高。那些结合在一起的雄性大象是血亲，它们其实是一家子！

我们没有料到这种结果，因为我们认为，雄性大象要远离它们出生的家庭的范围，以保存群落基因库里的异质性。如果年轻的雄性长大后从未离开那一地区，那么这对这一群落的基因健康的未来来说意味着什么呢？难道，这是由于不得不把公园围起来，从而妨碍了雄性大象的自然运动和行为而产生的结果吗？果真如此，那么这一区域内的所有雄性大象都将显现出基因相似性。但是，情况并非如此。

需要明确回答的问题是，这些雄性大象怎样才能认出自己的父亲。

兄弟和表兄弟互相认识是合乎情理的，因为它们少年时它们都在一个家庭单位里，并且会在各个水坑旁互相碰上，但父亲和儿子呢？有可能相认吗？

这正是 MHC 和发臭的 T 恤比赛有可能发挥作用的地方。也许这些雄性大象能嗅出血亲，然后它们就选择待在一起。这么做也许有一种进化益处。

一些社会动物的行为方式有利于它们的亲属的繁殖成功，甚至不惜付出它们的生存或传递它们的基因的代价。蜂就是一个典型的例子，不孕的雌蜂帮助养育它们的母亲的下一代，而非生养它们自己的后代。再比如松鼠发出的报警呼唤，那会让发出警报的松鼠更容易被捕杀。

亲缘选择理论可以解释这些行为。它预言，亲缘关系也许会减少一个群体内的攻击行为，而通过减少打斗的代价或帮助一个亲属获取资源，能够让支持亲属的个体获得间接的适应益处。虽然这看似合乎实际，却有一个问题。

生活在群体里有可能成为一把双刃剑。亲缘选择理论最近的一个改进版表示，减少对亲属的攻击性的回报在价值上有可能被亲戚之间争夺资源超越。家雀就是这种情况。它显示，对亲属的攻击和对没有亲缘关系的群落同伴的攻击之间没有什么不同，亲缘关系对改善打斗的成功率或提高等级没有任何帮助。

研究者的确发现麻雀父母和子女之间、兄弟姐妹之间存在互相支援的行为，因此那种认为家族的雄性俱乐部为了整体利益团结在一起的思想并不完全是无稽之谈。如果格雷格能够保护它的后裔，并且提供最佳的通向可获取食物的通路，那么当后裔们就要进入发情期时，它们的适应力要大得多，并因此要健壮得多。最终，这有可能让它们在争夺配偶上战胜其他个体，把它们的父亲的更多基因传递给后代。

虽然研究者们仍在辩论，但只要谨慎地一瞥就知道，我们的基因数据告诉我们，格雷格和蒂姆是第一顺位的亲属。格雷格的岁数足以当蒂姆的父亲。此外，作为第一顺位的亲属，它有可能太老，不可能是比蒂姆岁数要大得多的兄弟。当然，如果你考虑到这是一个寿命很长的物种，并且雌象不存在绝经的明显证据（当然，我个人的观察显示，到了一定年龄，年长的雌性大象就不再生育了），也不能完全排除这种可能性。无论如何，格雷格和蒂姆在母系家庭里待的时间都不可能重合。

我们仍旧需要确立第一顺位亲属和第二顺位亲属之间的区别，但即使根据最保守的解释，威利和基斯是第一顺位的亲属，基斯和蒂姆是第二顺位的亲属（即表兄弟）。蒂姆也是戴夫和刚果第二顺位的亲属，这也许可以解释刚果对蒂姆的亲近。

威利和凯文也是表兄弟。也许，凯文给威利施加的无休无止的争斗不过是过去它们之间未了宿怨的延续，是它们作为第二顺位的亲属、在同一扩大的家庭中长大时留下的。

在高等的雄性大象中，格雷格和亚伯是雄性俱乐部里血缘关系最近的亲属。有趣的是，亚伯最终会与格雷格失和，正如我们在它们后来的争斗中所看到的那样。在中等的雄性大象里，基斯基本上和每头大象都有亲属关系。在它的血统和格雷格越来越把它当成一个正在升起的明星对待这一事实之间，是否存在某种联系呢？

格雷格是基斯、年轻且雄心勃勃的奥兹、戴夫、卢克第二顺位的亲属。同样值得注意的是，豁鼻与格雷格的亲缘关系比格雷格的很多下属都远，然而它们却是最好的伙伴。

　　至于激素水平，由于我们可以把两个干旱的年份（代表一种牢固的等级结构）和一个潮湿的年份加以比较，干旱年份群内等级紧张程度较高的模式被再次证实。我曾经怀疑，紧张程度之所以较高，是不是由于支配等级结构不够明确以及由此导致的社会不稳定；如果食物和水充足，是否会遏制这样的效果。格雷格无疑显得比较紧张，表现出更多的警戒行为迹象，尤其是考虑到除了避开冒烟儿的挑衅，以及它在决定离开方向上所花的时间。在 2005 和 2007 年，它能够牢牢掌控它的武装，显示出更大的自信。

　　此外，格雷格在 2006 年的皮质醇水平较高，其他高等级的雄性大象也是如此。另外一个有趣的模式是，尽管较高等级的个体在干旱年份和潮湿年份展示的攻击性和亲和性行为的量几乎相同，比较年轻的低等级雄性大象下属在 2006 年（食物和水比较充裕，因此雄性大象不需要为资源竞争）展示了更多的攻击性。这表明（正如我怀疑的那样），一个结构明显的社会对雄性大象有稳定化的影响。

　　我希望在不久的将来再碰到一个多雨的年份，以便有两个多雨的年份和两个干旱的年份加以比较。气候波动也许会对雄性俱乐部的社会结构产生影响，我想探明气候变化的作用究竟有多大。

　　在我们的行为数据分析中，也能够从数据上证明，雄性俱乐部成员之间的联盟水平要比它们自己和穆沙拉地区的其他任何雄性大象之间的联盟水平高得多。雄性俱乐部拥有某种把它团结在一起的魔力，我开始怀疑那种魔力不仅有个性基础，也有基因基础。

灰色男孩在哪儿？

在非常湿润的年份里，大象的活动范围扩大了，
因为有多得多的地方可以喝水，可以在更广阔
的区域里觅食，结果返回穆沙拉的时间被耽误
了，一直到临时的水坑干了。

那是 6 月的最后一天，2008 田野季已经开始了两个星期，我们在穆沙拉大船上起锚、扬帆，追逐着我们的大象研究对象。在最近的降雨给埃托沙盆地带来 50 年一遇的洪水后，我们的大象研究对象仍处在它们的湿季旅行阶段。大象们沐浴在它们新的湖畔家园的繁华里，在泥里打滚，喝着水。洪水带来的新鲜的水注满了 2300 平方公里的古老河床。在田野季的大部分时间里，水深得使火烈鸟无法安居。

虽然从长期来看，这种因水而发生的形势转变对我的研究来说是幸运的，但对我的学生却造成了另外一个艰难且缓慢的开始。他们渴望埋首研究大象的一切，其中包括它们的粪便。这是我让一名纳米比亚学生参与研究的第一年，她叫卡亚特莉·纳姆邦迪（Kaatri Nambandi）。我希望能够给她足够的工作做，好让她对这一项目感到兴奋。

但是，缓慢的开始已经给我们所有人都造成了不小的压力。"那些灰色的男孩们在哪儿"成了我们每小时都要问的问题，然后又成了我们每天都要问的问题，最后又成了我们每个星期都要问的问题。

树木已经成了幽灵般的大象，甚至连远方一头长颈鹿也会被误认作一头大象。我们就这样盼着"那些少年们"返回它们干季的家。有时候，我们中不止一个人在颠簸中看到一棵很像大象的树。正是在这时候，我知道我们真的渴望见到一头大象。

管理员报告在费舍尔水坑和纳穆托尼管理站附近的几个较小水坑目击过雄性大象，于是我决定该做一些调查并且用上前面提到的穆沙拉船只。我让团队停下工作，带上双筒望远镜、摄像机、识别本，坐上陆地巡洋舰旅行车出发了，打算进行一天的调查。后排宽阔的长座椅容得下我们所有人。

我们获取了目击雄性大象地点的信息，沿着穆沙拉围栏的北部边界，向北朝金色的安多尼平原探索。当我们经过时，紫胸佛法僧（世界上最美的鸟儿之一，羽毛五彩斑斓，尾巴修长）从道路两旁的树上落下来，扑闪着变色的蓝翅膀。当我们抵达安多尼时，平原上到处都是斑马和角马，看上去就像不太久远之前的美国西部大平原（当时遍布野牛和平原动物）。牛背鹭紧跟着吃草的斑马，宛如一片黄色海洋中的白色斑点。

但是，大象刚刚离开了安多尼平原。在安多尼地区干涸的临时水坑里，我们看到了大量的大象足迹和在泥里打滚儿的证据，但没有看到大象。

我们转向西南，沿着臭水半岛上的水坑边缘行驶。在水坑边缘，也有大象最近留下的足迹，但没有见到灰色的男孩。

到了傍午，我们转上了通向萨木克的主要道路。萨木克是深受大家喜爱的大象经常光顾的一处地方。然后，我们沿着路进一步向南，驶向费舍尔水坑。我们想等等，到午后再抵达萨木克。到了那时在水坑边看到大象的概率最大。

在去费舍尔水坑的路上，我们能够看到很多大象的足迹。这些足迹从水坑的边缘延伸过来，跨越主要道路，朝向卡米勒朵灵。卡米勒朵灵将会是我们那天的最后一站。这年的洪水显然已经使大象路线发生了改变。由于这里的水坑已满，可以提供充足的水源，大象没有理由再向北走上10公里，前往穆沙拉。正因为如此，大象在那一季主要在南边的萨木克、西边的一个无名水坑、东边的卡米勒朵灵之间活动。

在前往费舍尔水坑的路上，我们在克莱因、格鲁特-奥凯维斯水坑都停车察看，但没有什么收获。格鲁特-奥凯维斯看上去倒是风景如画，罕见的绿色植被围绕着陡峭的斜坡。斜坡一片苍翠，伸向一个小泉眼。然而，我们看不到一只动物，只好继续前行。

我们就在午饭前赶到了费舍尔水坑。大象最近肯定频繁来过这里。我们可以看到家庭群体、雄性大象的足迹，大量的粪便，但没什么新东西。

虽然水坑里的滞水正在枯竭，但水仍然不少。水鸟星星散散，在广阔的水面上上下翻飞，有鹅、鸭子、涉禽、白鹳，甚至有喜欢躲藏的蓝鹤。我们绕着水坑转了一圈儿，没有看到新鲜的大象活动的迹象，于是决定前往萨木克吃午饭，因为根据以往的经验，大约这个时候，我们总能在那里交到好运，遇到象群。

我们抵达萨木克时，什么也没见着。水坑里只有一只南非麻鸭。我们开始了午餐，有面包，大量融化了的奶酪、黄瓜、洋葱，还有最后一点儿令人垂涎的干枣果。我们等啊等啊，等了一个多小时，直到团队成员变得烦躁不安。没有大象露面，甚至连一只随处可见羚羊都没有。该去看看卡米勒朵灵水坑的情况了。

卡米勒朵灵的意思是"长颈鹿荆棘"，和穆沙拉很像，也是一个自流井，由一个球心阀控制，以调节水流。在上个干燥季节里，它成了一个尘暴区。在那里，风从浅沙丘之间穿过，吹遍了整个空地，让人待在那里备感严酷。但是，除了那段时间，它其实是一个风光非常秀美的地方，因为环绕水坑的土壤包含着更多的黏土。这意味着，这片开阔的空地上的草通常比穆沙拉要更繁茂。

这里也适宜野百合生长。野百合是一种银灰色灌木，能够掩盖绝大多数动物的踪迹，除了长颈鹿和大象。那种灌木单调的色彩在落日的光芒中变得绚烂夺目，变成了粉红色，使这里成了一个观赏日落的绝佳地方。

我们走上一条通向主要防火带的狭窄小径。防火带向北延伸到了穆沙拉，向东延伸到了卡米勒朵灵。在和水坑平行的沙土小径附近，有很多新鲜的大象足迹。所有大象道路好像都通向了卡米勒朵灵。这个下午有望成为一个极其热闹的下午。

避开大象拖到沙土小径上的刺特别多的金合欢树枝，我们走过主要的防火带，然后进入了野百合原野。正是在那里，我的纳米比亚学生卡亚特莉看见了那天的第一头大象，只见一个灰色的额头隐约出现在了远方甚至更灰的灌木线上。

大家从车里出来，坐到了车顶上，拿起望远镜，想看得更清楚一些。我们看到一个大象家庭群体正在走向距离我们300米的那个水坑。那是一个美丽的景象，尤其是因为在这一季里，迄今为止，我们总是在夜里观察象群。我们决定先于它们在水坑旁安顿下来，以便在它们抵达时不至于吓跑它们。

下午3点半，我们抵达卡米勒朵灵，那时下午刺目的阳光刚好开始变得柔和。在水槽和那片辽阔的盆地周围，到处都是新鲜的大象足迹和新鲜的粪便。这样看来，这里是大象经常出没的地点。

我们驾车绕过了一大群跳羚和一小群吃草的斑马，进入了盆地远端空地的东侧，为必要的迅速撤离留出了空间。由于我们知道这个地方经常有很多犀牛、狮子、大象光顾，因此制订一个撤退计划很有必要。这一比较安全的位置意味着我们要直接迎着阳光看水坑旁的大象，处在背光的境地，不利于拍摄身份标识，但如果大象合作，倒是能拍到非常壮观的日落。

空地里没有狮子出没的迹象，于是我们打开车门，想多放一些空气进来。正是在那时，我看到一头雄性大象幽灵般的头出现在杂木丛生的地平线。它似乎是漂进傍晚的前景中的，宛如漂浮在灰色灌木上的一个幽灵。当那头雄性大象靠近时，我用望远镜看着，希望那是一头我认识的雄性大象。在卡米勒朵灵，经常有我不熟悉的雄性大象光顾，因此我并没有抱太大的希望。

但是，随着它走近，我看到了它的耳朵，可以确定它的确是一头我认识的大象。它是蒂姆。我看到了它左耳底部标志性的新月形缺口，以及在缺口一边的一个小洞。它的尾毛在尾巴两侧分别长成一个圆弧，形成了一颗心。它的长牙断了，残牙很短。这些特征确定了它的身份。终于看到了老朋友，我感到很激动。

我看着蒂姆走了进来。它的鼻子嗅着地面，头摇摆着，迈着平稳的步伐，在布满灰尘的象道上漫步，向水坑走去，猛喝了一阵子水。在它喝水的时候，我扫视着地平线，寻找着它可能会来的伙伴，因为蒂姆并不经常独行。我仰望了东面的斜坡，又眺望了西面的平地。果然，又有一颗头从西面的地平线上显现出来。那颗头要大得多。在周围单调的景色的映衬下，新来的大象的长牙闪闪发亮。

微风已经止息，周围的环境正在进入日落前的安宁状态。关于非洲的灌木丛上的日落，有一种东西。无论日常研究生活的平淡如何让我疲惫不堪，这种东西都会紧紧地抓住我。

当那颗橘红色的大圆球赫然悬挂在地平线上时，非洲的风景在静止的空气中变成了明亮的粉红色。当象群站在灌木丛里抖落身上的灰尘，同时又耐心地等着它们的母亲认定可以在水坑旁安全地喝水，我的那些白垩灰色的研究对象会映射成一种桃红色。

蒂姆在水坑旁喝水，太阳缓慢地朝地平线落下。我可以看见，我们之前不久望见的那个家庭群体正从南边过来，已经清晰可见；我注意到的那头从西边过来的雄性大象也继续朝水坑走去。对于一头活跃的大象来说，这个日落非常完美。到了这时候，蒂姆已经瞥见了那头新来的雄性大象，并且自信地退回到盆地的边缘去迎接它。我觉得，作为一个行事温和、地位中等的家伙，蒂姆肯定对它和这头年长的雄性大象的关系非常自信，所以才会这样直接、大胆地靠近。

我无法识别出这个年龄较大的伙伴身上任何可识别的特征，但从它的身高和它非常长、向上卷曲的长牙来看，它是一头高等级大象。我注意到它右耳底部有个小洞，但除了它尾巴外缘上稀疏的毛和内侧6英寸长的毛，这是我唯一能够区别它的东西。不过，它的尾巴上有一个弯，有可能是马龙·白兰度。

然而，情况开始呈现出一种不同的气氛，因为这头新来的雄性大象靠近蒂姆时耳朵折叠着，摆出了攻击性的架势。这种架势让我感到意外。我想知道，蒂姆会遭遇什么样的结果，因为它根本不是这头"年富力强的"雄性大象的对手。

果然，这两头雄性大象开战了。它们的头撞在一起，皮肤吱吱地响，用长牙戳对方。当它们在沙土竞技场中左右扭动时，它们的身体正好形成了一条直线。每碰撞一次，那头较大的雄性大象都前进一点儿。我一边试图盯着它们打架，一边记着笔记，文字如流水一般出现在纸页上，其中包括描述动作、色彩、气味的短语、想法、情绪，任何能够捕捉这一时刻、有助于以后还原这一场景的东西都没放过。

"昂起头，开始互殴，橙色的尘埃，焦虑，恐惧，厚皮，推，撞，空气中的粪便味儿，痛苦，卷起来的耳朵，鼻子甩动，退却，久久不散的尘埃，令人感动的天空，紫色"——我匆匆写下了这些词语。万物都在动，然而又保持静止：陆地、情绪、动物、天空。

看样子，蒂姆的情况不妙。我想知道，在这一年，在一个看上去和 2006 季有着相似混乱性质的社会环境中，它经历了什么。这不是那种蒂姆愿意参与的争斗，之前在和查尔斯王子遭遇时的那种喧嚣场面只是个特例。

这种状况让我想起我们在 2006 年目睹的那种攻击行为增加的局面，当时雄性俱乐部瓦解了。我们的长期研究似乎符合那种理论，即：支配等级机构有助于把接触有限的资源引发的冲突降至最低。由于 2006 年是一个非常湿润的年份，可以喝水的地方很多，接触水源几乎引发不了竞争，因而不太需要有序的社会团体。在这种状况下，由于不存在等级结构，我们目睹了雄性大象之间的更多攻击行为。

我想知道，我们现在目睹的攻击行为是否的确是 50 年一遇的洪水引发的等级结构瓦解的一种反映。我们希望穆沙拉能够很快恢复正常，好让我们掌握局面。我们会不会发现，格雷格第二次丧失了对雄性俱乐部的控制？有那么多地方可以喝水，王者是否又失去了它的魔力？格雷格和冒烟儿之间的情况是怎样的呢？

就在我沉思的时候，太阳距离地平线更近了，光线开始变化。蒂姆开始后退，并吸起了鼻子。它盯着攻击它的家伙，仿佛在等待一个安全的时刻，以寻求某种形式的和解。就在环境变得柔和起来（冉冉下沉的非洲太阳给异常单调的环境涂抹上了一层光芒四射的粉红色）时，被认为是马龙·白兰度的那头大象也开始变得温和，因为蒂姆翘着鼻子表示臣服，正向它靠近。

让我感到惊讶的是，那头年长的雄性大象回敬了蒂姆。在相互致以从鼻子到嘴的问候中，它们两个的鼻子卷在了一起。这真可谓不打不相识。随着它们的鼻子卷在一起，双象一番你退我进。它们的打斗已经发生了巨大变化，开始朝惺惺相惜发展。它们的情绪反映了这片土地的静谧。在一场从打斗变成推挡太极的慢动作舞蹈中，它们革质的皮肤擦在一起，发出咯吱咯吱的响声。当它们挤在一起时，那头年长的雄性大象把鼻子放在了蒂姆的头上，轻轻地来回推，宛如涨潮和退潮。它们的表演优雅地朝左边移动，仿佛经过了事先编排，要和现在火红的太阳保持一致。

刚在靠近的家庭群体终于决定从隐蔽处走出来并进入空地。它们排成长长的一排走着。它们黑色的轮廓映衬着橙色的天空，好似一排大象剪纸。在它们中间，有些翘着鼻子。幼象甩着鼻子，腾起尘埃，奋力跟着其他大象。那两头雄性大象在落日的映衬下继续打闹着，直到太阳沉到了地平线以下。当太阳在金合欢树后面慢慢熔化时，它所经之处好像着了火，火焰涌向了一头孤单的、为一天里第一次喝水而现身的长颈鹿。

光辉夺目的橙色带子插入了陆地和水坑之间，象腿映在静止的水面上。两头大象在打闹，宛如剪纸衬着深红色的地平线；它们好像在跳着一曲慢探戈，映在橙色的盆地里。面对此情此景，任何摄影师都会垂涎。

随着盆地上的红光变得柔和，双条纹沙鸡美妙的咯咯声流淌进来，充满了盆地，主导了那个场景。它们洗过了澡，在毛茸茸的胸部里藏了小水滴，打算带给它们的雏鸟。越来越多的沙鸡涌了进来，它们的咯咯声越来越响。大象们则互相盯着对方，它们的黑色轮廓映衬着漆黑的天空。天空中星光点点，渐亏的月亮宛如峨眉。

与此同时，一头黑犀牛迈着沉重的步伐进来了，在大象对面的水坑旁啜饮着水。夜幕已经降临，返回营地的时间到了。我们出发返回。我开着车，蒂姆握着照明灯，打算沿路观察夜间的生物。我们观察了一对在路上小跑的大耳狐。我们驶出了野百合灌木丛，进入了绢毛榄仁林地，朦胧的树木在我们的头顶形成了一个天蓬。

突然，路中间出现了一片灰色，宛如山峰。这灰色的轮廓如此之大，肯定不是一片尘埃那么简单。在这段时间里，尘埃经常在路上逗留不去，它是天黑之后温度变化的一个标志，其原理上是尘埃颗粒密集悬浮在道路上的一种转化。我透过挡风玻璃的顶端往上看，认出那是加里。它在疯狂地洒尿液。幸运的是，它对我们的惊吓甚于我们对它的惊吓。加里迈开它因为受到惊吓而僵硬的腿，尽可能快地从路上跑了下去，身后留下了一个新鲜的、冒着热气的粪便样本。

在收集到我们这一年的第一个样本之后，我们希望大象们的返回只是时间问题。然而，在过去了三个星期后，事实证明这一季来得太慢，我不得不给我的学生布置了一个长颈鹿项目让她去研究，以免她两手空空地返回斯坦福大学。

记录大象的耳朵缺口和尾毛模式让位给了记录长颈鹿的天然色模

式。与大象相比，接近成年的雄性长颈鹿之间的优势更难以区分，因为长颈鹿群体之间的裂变和聚变太多，很难维持。在应对手头的挑战方面做出了令人赞赏的工作之后，我们却全都舒了一口气，因为大象基斯出现了。基斯是格雷格武装的排头兵，它的出现是一个迹象。我们因此希望，我们的精力不久就有可能回到我们对大象的研究上来。

因为基斯是最不可能独自前来的雄性大象之一，我们普遍认为其他群体成员会很快跟过来。但是，这一次，当它独自到来时，我有些怀疑。如果群体里最合群的成员独自出现，那么这将清晰地表明，我们不会看到一个热闹的考察季。在此期间，我们又返回了长颈鹿项目，用发情的雄性大象贝克汉姆疯狂的滑稽动作自娱自乐。它已经成了一个常客，并且是独自来的。

有一天，贝克汉姆先是在地上打了滚儿，然后坐在地堡上，把鼻子甩到头上，接着过来考察我们的营地，就像我们见过的任何发情的大象那样活跃。那是傍晚，没有风。我们考虑接通电围栏，但我讨厌在白天这么做，因为在这时候，我总是觉得，如果不让大象检查它们的地盘，它们会在以后进行报复。也许是我太敏感了，但无论如何，白天让某个人爬上观察塔去接通电围栏，都会闹出很大的动静。

果然，贝克汉姆径直走向了围栏，举起鼻尖上的两个指状物，距离触碰围栏仅有几厘米之遥。这种谨慎告诉我，它非常清楚电围栏究竟意味着什么。

它以这种方式检查了围栏几分钟，然后绕着营地转了一圈，接着又过来估量了车辆的大小。有时候，有人搞不清一头雄性大象究竟有多大，直到看到它站在一个参照物旁边。这头雄性大象耸立在那些卡车旁边，显得十分巨大，简直有些滑稽。它能瞬间把卡车压垮，扫清它正在缓慢走着的那条路。我忍不住想，它是否正打算这么做。

还有一次，他把气撒在了水泵上。水泵从这一季一开始就漏水，并且逐渐恶化，由渗漏变成了涓涓细流。贝克汉姆似乎对水流有些不耐烦，想用额头的全部力量把水泵顶翻。然而，它显然干劲儿不大，不然完全能够完成这个任务。

夜半时分，又有几头大象开始现身。一些大象把水泵周围的石头移走了，在底部制造出一个活水坑。又过了几天，管子彻底烂掉了，渗漏变成了水柱，四处喷溅，在水泵旁边形成了一个单独的小水坑。这对我们的研究是个问题（由于这一坑更好的水，我们对大象从水槽头被移开进行的不连续的资料记录被打断了），而且水泵有爆炸的危险。这促使公园管理员过来，帮助我们解决了这个问题。

在修理期间，一个老管理员告诉我的丈夫蒂姆，他将要去北边，因为有几头雄性大象已经突破北部边界的围栏，显然是为了去寻找格雷威亚（一种与杏相似的水果）。他接着说："大象吃掉的越多，那种水果就越多。"这让我突然悲从中来，因为它让我不由得想到，大象们再也不能自由游荡，不能尽情享用这片土地上的那种水果。

贝克汉姆、迈克和其他单独的发情的家伙来了又去。到了7月中旬，豁鼻和戴夫一起出现了，这一季第一次有了雄性俱乐部活动的模样。看到它们出现在地平线上，我们备感欣慰。它们扑扇着耳朵，从西北缓步走来，向水坑走去。

在看到这一景象后，情况开始好转。第二天，亚伯和戴夫一起出现了。今天后，亚伯、戴夫、豁鼻同时现身。雄性俱乐部正在重新集结。

从它们的活动模式来判断，外面的环境好像发生了变化，表明那些雄性大象正在回来的路上。实际上，随着环境变得比较干燥了一些，雄性大象们开始更加有规律地来去，一个接着一个。就在我们的季节行将结束时，它们的季节正在重新开始。我们和大象的季节如此不合拍，我甚至想晚几个星期再订机票，好待得更久一些，看完所有剧情。然而，不幸的是，我没能做到这一点。

不管怎样，我知道格雷格现身只是时间问题。它也的确在我预计的那个日子现身了。我的估计是以它的伙伴此前几天的到访模式为基础的。

一个人看到有两颗灰色的头隐约出现在北边的树上。"大象！在北边！"看到那是两颗硕大的头，我们都奔向了各自位置，渴望看到来的究竟是谁，因为截至目前，年长的雄性大象仅和年轻的雄性大象一起现身。我必须承认，在看到只有一头年长的雄性大象时，我们的热情没有那么高。只有两头成年雄性大象一起现身让我们感到激动，因为这表明局面正在起变化。

那两个硕大的身影正在稳步前移，打头的那个显然较老。它沙漏般的脑袋暴露了它，因为只有一头定居此地的雄性大象有这么宽的额头。终于，就在打头的雄性大象从隐蔽处走出来时，我看清了它是谁。

是格雷格。王者又回来了。

当第二头雄性大象出现时，我们看清了它是戴夫，比我们刚开始预期的要年轻。但是，由于戴夫一直定期和亚伯、豁鼻一起过来，我确信它们很快也会抵达。

它们来这里喝水相当无关紧要，但我们仍然抓拍了格雷格喝水的照片。它的长牙在过去一年长长了一些，因此它的牙看上去并不像上一季那么扭曲。在上一季里，它的长牙几乎齐根断了。它的情绪似乎相当好，直到 20 分钟之后，它突然停止喝水，把鼻子放在了地上，足足有两英尺（约 0.6 米）长。

它一动不动地面向了西方一阵子，我知道某种情况即将发生。某头大象即将抵达，格雷格显然不乐意看到它。

我扫视了地平线。西方的地平线上果然又出现了三颗灰色的头。格雷格不想看到这三个不速之客，开始向西北方向走去。

戴夫似乎不喜欢这种情况。它先是看到了亚伯，接着看到了豁鼻，最后看到了基斯，发现它们准备亲亲热热地一起喝一次水，于是似乎很想和它的朋友们再逗留一会儿。然而，在应该忠于哪一方上，它举棋不定。毕竟，它正在和王者一起喝水。

当格雷格离开时，戴夫跟在它的后面。只见戴夫停下来，转身，看看，伸出耳朵，然后向前走，再次停下，转身，一动不动。格雷格肯定感觉到了戴夫拖拖拉拉，因为它停下来，转过身，狠狠地瞪了戴夫一眼，然后才继续往前走。

戴夫最终做出选择，它和王者一起离开了。

格雷格究竟遭遇了什么？亚伯和豁鼻曾经是它最好的朋友。格雷格从什么时候开始回避这些核心成员了？对于王者而言，在表象背后，事情肯定比我们想象得更糟。

格雷格后来又来了几次，与亚伯又发生了几次分歧。每当它们发生分歧时，都会发生冲突，双方获胜的次数差不多（当然，冲突围绕着谁占据水槽头展开）。我们再一次拔营的时间到了。不过，拔营所用的时间超出了我们的预计。此外，直到夜幕降临以后，我们才得以把博马布取下来。这意味着，我们第二天上午的离开时间会晚一些。

在团队其他成员离开后，约翰尼斯和我整理完剩下的东西。剩下的东西好像总是比计划的多。约翰尼斯终于也离开了，只剩下我一个人。我将独自在穆沙拉度过最后一晚。

就像 17 年前那样，只有我自己和那些雄性大象在一起。这让我心里充满了怀旧之情。我欣赏了一次辉煌的日落拜访，首先是皮卡德船长，然后是几个家庭群体。直到很晚，我才睡下。

我躺在塔的第三层地板上，没有帐篷，没有桌子，没有椅子，没有设备，只有我自己、我的铺盖卷、夜视仪、塔、大象。我躺在那里，注视着月亮渐渐变亏，最终落下。

当我听到塔下传来一声奇怪的、刺耳的声音时，四周漆黑一片。我用夜视仪往下看，勉强看到一头大象正在蹭我下面的营地围栏柱子。我重新调整了镜头的焦距。它是贝克汉姆。后来，当格雷格、戴夫、基斯经过并环绕了我时，我听到了塔周围的草发出沙沙的响声，仿佛没有重量，宛如一缕微风。在这一季的最后一晚，我得以看到，格雷格又把部分雄性俱乐部成员掌控了起来。

虚张声势

发情期的雄性大象展示了一套夸张的行为，散播
了它们的气味，暗示了它们的高睾丸激素状态。

2008 年，发情的贝克汉姆的睾丸激素水平极低，甚至远低于非发情雄性大象的平均水平，但它显示了发情的一切外在标志。关于这一发现，一个可能的解释是，贝克汉姆正在发出虚假信号"虚张声势"。

在自然界中，关于虚张声势记录在案的案例不多。这意味着，只有在出乎意外、不经常发生的情况下，欺骗才会管用。以池蛙为例。人们发现，在听到较大的雄性的叫声时，这一物种较小的雄性会有意降低叫声的音高，因为较低的音高预示着一只较大的蛙。当小个头、中等个头的雄性的叫声被模拟时，蛙回应的叫声不会改变。

然后，就是招潮蟹。通过长出虚有基表的螯来取代已经丧失的原生的螯，它们既欺骗可能的挑战者，也欺骗可能的配偶。很显然，通过同样有力地挥动它们的劣质螯，这些竞争力较差的雄性仍能像它们更为健壮的竞争者那样吸引配偶；通过长出和失去的螯长度相同的螯，它们仍能吹嘘它们强壮的体格。虽然替代的螯较弱，但生长所需的能量和时间较少。

螯虾也存在相似的情况。它把全部能量都用到拥有最大而非最壮的螯上了。接下来，是螳螂虾。它让潜在的入侵者相信它能打架，即使是在它最虚弱的时候，就在它蜕皮之后、它的外甲变硬之前。我怀疑贝克汉姆是否向世界提供了另外一种虚张声势发出虚假信号的案例，展现出发情的全部外在行为迹象，却不用把能量花在分泌睾丸激素上，而睾丸激素被认为是进入发情状态，或至少维持发情状态所需要的。

相对地，表现出真实信号在整个动物王国里都有详尽的记录，原鸡及其红冠就是一个突出的例子。健康、身体状况、社会地位都影响红冠的外观。这样一来，红冠就成了雄性情绪的直接测量标准，强烈地预示着与精心挑选的雌性交配成功的可能。虽然色彩斑斓的展示需要付出代价（睾丸激素的消耗在一定程度上降低了免疫反应），但光鲜的冠预示的强健程度并不会被那种交易严重削弱。

真实信号也塑造了人类世界。人类使用的信号很多，例如面部表情、化妆、穿着、整容、飙车逞能，但鉴于这些信号往往是有计划的，因而在性质上不能被认为是绝对真实的。研究者已经提出了发出真实信号的四种可靠衡量标准，即影响力、模拟性、活动性、一致性。换个说法，所谓影响力，即一个人能够在多大程度上促使另外一个人的说话模式与自己的说话模式相协调；所谓模拟性，即在一次谈话中，一个人的点头、微笑行为是否被另外一个人回应；所谓活动性，即提高活动水平，将其作为衡量兴趣和激动的标准；所谓一致性，即避免突然的、步调不均匀的行动，因为那预示着注意力不集中。

这些例子被用来抵消一种速配实验的背景。在这一实验中，人们花五分钟与异性聊天，然后在每次遭遇结束时，写下是否愿意给此名异性留下电话号码。在一小时这样的互动之后，记录被呈现给了参与者，那些双方都愿意交换电话号码的人互相交换了电话号码。

你可能预料男人会广撒网，女人会挑三拣四，但事实证明，男人只想和对他们感兴趣的女人交换电话号码。在所有信息都保密的情况下，这些男人如何知道哪些女人想和他们约会呢？

雄性的气味对雌性选择的影响无法解释男人何以知道哪些女人会选择他们。这里正是真实发信号可能起作用的地方，姿势是（自发的咯咯笑、微笑、活跃的手部动作）也许会暴露对方是否感兴趣的标志。

在动物王国里，真实信号往往具有免疫学的代价，就像在原鸡的例子中所提到的那样。那种代价阻遏了欺骗的企图。举个例子，睾丸激素有可能被用于激发性信号，但这么做会削弱免疫系统。与之相似的是，造成装饰色彩的类胡萝卜素既可以被用于光彩夺目的羽毛，也可以作为支撑免疫系统的防氧化剂。这些交换被认为强化了发信号的真实性。

在进化的背景下，为了让自然选择有利于真实而非欺骗，发信号个体的诚信必然时不时地受到挑战。这也许可以解释格雷格对凯文的挑战。也许，它在 2005 年逼迫豁鼻时揭发了豁鼻，因为根据我们的记录，在表现出发情的外在迹象而睾丸激素却没有升高方面，豁鼻是仅有的另外一个例子。当时，我们刚开始假定豁鼻处在发情初始阶段，但在认真审查数据和照片的过程中，各种迹象表明它在虚张声势，尤其是发情高峰期出现的尿液滴落的现象。这能够解释为什么豁鼻在压力下结束了发情，而凯文则以一种令人印象深刻的勇气挑战了王者。凯文和豁鼻孰真孰假？

如果冒烟儿用挑战质疑贝克汉姆欺骗，会怎样呢？贝克汉姆能承受住那种质疑吗？不幸的是，贝克汉姆好像从来没有显得值得其他雄性大象对它发起挑战，所以我们无法回答这个问题。我需要在那里再找出几个不诚实的发信号者，以获得一些更为确定的答案。也许，那一特别湿润的年份导致雄性大象在任何地方集中的程度都不高，使得贝克汉姆能够侥幸过关。

相比较而言，迈克是个诚实的家伙，拥有高睾丸激素水平，与它的发情信号发送相匹配。但是，尽管它表现抢眼、睾丸激素水平不低（鉴于他一贯的态度温和的自我，这相当突出），别的雄性大象好像就是不认为这个家伙有可能是个威胁。

在一个狂乱的夜晚，当一头要么即将进入发情期，要么实际上已经进入发情期的年轻雌性大象出现时，迈克也在附近。那头年轻雌性大象的家庭落在后面，一群激动的年轻雄性大象对它紧追不舍。在水坑的边缘，迈克先是扇动一只耳朵，又扇动另一只耳朵，但它的在场似乎根本吓不住那些年轻的雄性大象。

这一行为与睾丸激素水平很高的冒烟儿形成了鲜明对比。在相似的情况下，它会从在黄昏时分进入空地的一个家庭腾起的尘埃中冒出来，脑子里只想着一样东西，那就是发情的雌性大象。它会追上雌性大象，同时用鼻子横击，赶走其他追求者。

也许，在迈克的情况中，那头年轻的雌性大象尚未发情，而那对他意味着，时间不到，不值得击退任何竞争者。在同一个夜里，过了很久，我注意到迈克在凌晨 2 点左右又返回了水坑。就在它安静地喝水的时候，那头年轻的雌性大象突然独自回来了。那头年轻的雌性大象朝一个方向跑，然后转过来，又朝另一个方向跑，有些慌张不安，它的后腿已经湿透。很显然，它找不到自己的家人了。

刚开始的时候，迈克好像被它的到来吓着了。但是，在注意到它跑来跑去时，迈克以一种不具威胁的姿态靠近它，低着头，鼻子试探

贝克汉姆使劲蹭了蹭地堡，把鼻子横着卷过脸，扇动耳朵。这些发情期行为被认为是在一种散布来自它们的颞腺的黏稠分泌物。发情的雄性大象往往显得不舒服，就好像它们奇痒难忍，又挠不着（也许是由于它们放大的颞腺和前列腺）。在把它们的前脚抬得很高仿佛腾跃、蹭脚、甩尾、摇头、甩头、确确实实地在地堡那样的表面上蹭之中，这一点有可能得到了展示。这种状况最有可能助长了它们总体上暴躁的性情以及攻击性的发信号行为。

性地伸着，但并没有靠得太近。迈克对它没有显示出任何感兴趣的迹象，而年轻的雄性大象会因它的在场而发狂。也许，年轻的雄性大象被在发情期之前发生的虚假的发情期会欺骗。虽然如此，迈克仍站在那里，看着它，仿佛自己是一位邻家大叔，想安慰一个精神受伤的小女孩，给她一件毛衣，用车送她回家。我知道这是一种高度拟人化的情感，但迈克和其他雄性大象之间的差异比较非常明显，足以让人产生这样的联想，尽管这也许显得有些荒唐。

　　至于其他的最新激素情况，从两个湿季的数据看，给人的感觉是，坏家伙之所以坏，其实是因为它们的导师不在场，没人能约束它们。就像 2006 年的情况那样，与干旱的年份相比，等级低的年轻雄性大象在 2008 年展现的攻击性大大增加。对于那些展现了发情的早期迹象的年轻雄性大象或亚成年雄性大象来说，睾丸激素的水平也很高。

　　虽然总体互动量在潮湿的年份有所减少，但在那个结合起来的群体内部，亲和行为的比率依旧稳定，年复一年。尽管比较年轻的雄性大象往往比较老的雄性大象展示出更多的亲和行为，但就这项研究中衡量的亲和行为的比率来看，它能够呈现一种对基本的跨年龄社交互动的内在需求，并且有可能促进了整体压力的减少，正如在灵长类动物中所发现的那样。

　　与此同时，可怜的格雷格正为保持群体的完整而努力，因为在那一季里，亚伯不断威胁着它的权威。

遇刺的王者

年长的布伦丹(左)把鼻子放进了格雷格的嘴里，
表示问候。格雷格有些犹豫，摆出了一种折叠
起耳朵的攻击性姿态，然后才接受了那一问候。

2009 考察季即将开始。我们一如既往地在温得和克做好准备，在奥考奎约度过了第一个夜晚。我们有了一个新团队，对这一季的前景产生出一种新的兴奋感。由于一连两个湿润的年份，并且我们不想重复 2008 年那种缓慢的开始，我们这一年出发得较晚，6 月的最后一个星期才启程。事实证明，我们在时间安排上做出了一个正确的选择，传给我的报告称，穆沙拉水坑现在有大批大象。

我的胃口逐年增加，想增加额外的研究，增加我们自己的实验室工作。实验室的工作会减少别处的费用，简化最终数据的运输物流。这一年，我们计划在前往穆沙拉之前，在奥考奎约的埃托沙生态研究所准备我们的 DNA 保存溶液。自 "9•11"（恐怖袭击）以来，我们再也不能在飞机上携带这种溶液了。此外，由于行李重量限制已经从 70 磅减少到 50 磅，我也难以为一种盐溶液牺牲那么多的空间。

在生态研究所，在互致问候、讨论目前的研究与合作之后，我把绝大多数队员送往水坑，让他们去欣赏傍晚的野生动物去了。与此同时，我们剩下的人则忙于小心地融化二甲基亚砜。此前在温得和克那个晚上，天气非常寒冷，二甲基亚砜由于保存不善被冻住了。虽然它的熔点很高（18.45 摄氏度），但当我们尝试制作 20% 保存溶液时，它仍然是固态的。

我们的任务所花的时间比我预计的要长得多。虽然如此，我们仍在太阳正在落下时完成了工作。我溜出来，前往水坑，想和别的人会合，并了解实地情况。

等我赶到了那里，我的团队报告说，有一头脾气暴躁的占支配地位的雄性大象不断把持着水源头的位置。在旅行者营地的石墙外，它赶走了一头年轻的雄性大象，守卫着自己的地盘。一切好像都如往常那样进行着，直到它受到了一只胡狼的惊吓。我从来没见过一头大象会对一只胡狼做出那样的反应。我觉得，就我刚刚观察到的情景而言，我肯定忽略了什么细节。

我扫视着水坑的边缘，想看看是否有狮子活动的迹象。这时候，我的一名新学生走上前来问，为什么这里的那些"狗"（指的是胡狼）会追逐一头大象。"你说什么？胡狼不会追逐大象，"我肯定地回答道，"也许你看到一头胡狼在一头大象后面小跑，而出于某种原因，大象受到了惊吓？胡狼不会碍大家的事，但它们通常不会靠那么近。"

但是，我的学生坚持说，他看到一只胡狼咬了一头大象的脚，然后咬了其他胡狼。我立即意识到，他看到的肯定是一只得了狂犬病的胡狼，这在这个地区并不常见。我从来没听说过一只得了狂犬病的胡狼咬一头大象，但大象显然免不了被得了狂犬病的胡狼撕咬。

就在我们说话的时候，一头胡狼跳过了围栏，跑进了游客浏览区域，以躲避那只发起攻击的胡狼。我很庆幸我的学生已经打过狂犬疫苗，因为在我们的研究地点周围有很多胡狼。

当我们回到研究营地做晚餐时，我把看到得了狂犬病的胡狼的情况报告给了胡狼研究者。胡狼研究者然随报告给了部里的兽医。兽医出去寻找那只胡狼，但没有找到。公园里狂犬病的发病率起起伏伏，但这一季的发病率显然在上升。要想让工作人员随时保持警惕很难。

后来，在吃过晚饭后，尽管很累，但我们仍在9点左右回到水坑，希望看到黑犀牛和大象共同沐浴在水坑照明灯的灯光里。由于担心那只得了狂犬病的胡狼，担心在研究营和水坑之间长期间摸黑行走出什么意外，我决定把所有人都塞进一辆双排座车中，另外让几个学生坐在了车顶木条做的行李架上。

我们在路上见到了一位年长的赫雷罗女人。她穿着传统的礼服，戴着宽大的杂色方格印花布帽子，以及其他服饰，睡在政府发给她的水泥房子外一个冒烟儿的火堆旁边。我惊讶于她居然不怕得了狂犬病的胡狼，但推测她可能习惯了这样的危险，宁愿睡在星辰下，也不愿睡在一个波纹状的铁皮屋顶下面。

等到了水坑，我们看到有很多黑犀牛和大象。在观察一头黑犀牛和它的幼崽喝水时，游客群保持了适当的肃静。当犀牛走上那条钙质结砾岩路时，它们的趾甲捧在石头上，发出叮当的响声。它们样子笨拙地慢慢走着，融入了黑暗。过了一会儿，我们陆续上床睡觉，以摆脱了悄悄袭来的寒冷。

第二天上午，我们的车队去了加油站，要在我们去主营地之前给车加满油。我们在那里遇到了约翰尼斯。他报告说，那天夜里，那只得了狂犬病的胡狼咬了三名游客，又咬了一个正在睡觉的老人的脸后，才终于被杀死。很显然，就像我见到的那个睡在火堆旁的赫雷罗女人那样，那个老人也不喜欢睡在室内，结果为此付出了代价。在听到了动静后，老人的儿子从屋里出来，抓住了那只胡狼，折断了它的脖子。

那个老人和三名游客在附近的诊所得到了治疗。那只胡狼的大脑被送到了一个实验室，以检验它是否得了狂犬病。那个老人需要特殊治疗，因为他被咬了脸，伤口离大脑很近。

虽然我从没见过一头得了狂犬病的大象，也不认为胡狼咬的那一口能刺穿大象的皮肤，但我听说大象有可能感染狂犬病。我不由得想到，如果碰到这样一个可怕的闯入者，我们营地的电围栏将会多么不堪一击。研究主管曾经告诉我，几个星期前，在附近的一个水坑，一只得了狂犬病的狮子咬了一个游客的车辆的车头，于是他们把它除掉了。我真希望他没有告诉过我这件事情。在保证我的团队安全上，我的担心似乎还不够重。

又聊了一会儿那只胡狼后，我们继续赶路，慢悠悠地驱车前往公园。我们知道营地搭建要简单得多，因为在我们抵达之前，约翰尼斯已经先行开始，架设好带电围栏和博马布。

当一个电工来给观察塔焊接一个新顶时，约翰尼斯也在现场。在雨季里，我们的遮阳布顶被大风刮跑了。焊接新屋顶，搭好主营地的结构，有助于我们在这一季开个好头。我们这一季本来开始得就比平常晚。

等我们抵达营地时，一些雄性大象已经在那里迎接我们，领头的是依然在位的王者格雷格。我们很快就发现，它还没有搞定它上一季以来和亚伯的纷争。至少它们没有像上一年那样公开躲避对方，但在它们的长饮中，亚伯非常自信，好几次把暴脾气的格雷格从水槽头赶走。事实证明，它们的不和将使我们于 2008 年目睹到的为数不多的几次象群来访显得多姿多彩。

格雷格再次如坐针毡，又一个湿润的年份给它对雄性俱乐部的控制造成了严重破坏，削弱了它对不守规矩的青少年的统治。除了与比较干旱的去年相比，群体在过去两季里变小，变松散，格雷格的亲信也改变了，豁鼻已经把火炬传递给了弗兰基·弗雷德里克斯。虽然大象管理员报告说，豁鼻因为在公园外的一个农场制造麻烦而遭到射杀，但我希望，它是因为太绅士而被迫退隐的。只要我们一连数年都看不到一头雄性大象，就会揪心地担忧它遭遇了这样的不幸。

处在发情期的年轻雄性大象制造的混乱增加了这一季的戏剧效果。一天傍晚，在日落之前，格雷格和弗兰基走了进来。就在它们喝水的时候，个子不大、处于发情期的小奥兹·奥斯本到来，扰乱了那里的平静。它流露出狂暴的眼神（瞳孔放光，翻着眼白），似乎被有着自己打算的睾丸激素魔鬼给搞糊涂了。

半大的雄性大象（15岁~20岁）发情难得一见，因为在一般情况下，直到个头达到3/4，年龄在25岁~30岁之间，雄性大象才会进入发情期。这个小魔鬼要干什么？难道是怒火万丈，准备打一架？

格雷格和弗兰基注意到了奥兹的状况。格雷格一看到这个无礼的小家伙，就往后退；法兰基一看见它就竖起了耳朵，耸起了身体，好像在警告它越界了，而且闯进来是有风险的。这是格雷格的领地，任何侵占它的想法都是徒劳的。

是时间选择不走运，抑或是奥兹想在王者和它的心腹喝水时加入它们？虽然它处在发情期，但结果可能对它不利。

我看到，镇定自若的奥兹径直走到了那两头巨兽的中间，要在水槽头喝水，对王者"熟视无睹"，仿佛王者不在那里，不需要用从鼻子到嘴的问候行必要的"亲吻戒指"之礼。不仅如此，格雷格其实还向这个中了邪的少年让步了，允许它把自己挤走，自己走到一边，为这个煽动者腾出了空间。

当奥兹登上格雷格位于水槽头的"宝座"，就要喝第一口水时，格雷格似乎清醒了过来。它伸出耳朵，高昂着头，注视着这一可怕的僭越行为，仿佛在说："我成了什么？被切掉的肝？瑞士奶酪？我在这里甚至连个问候都得不到？难道不应该按照规矩给王者致以从鼻子到嘴的问候吗？"

格雷格继续摆姿势，但出人意料的是，尽管它非常不安，但它的肩膀突然垂下了。王者犹犹豫豫地把鼻子伸向自己的嘴，好像已经疲于应付这股睾丸激素旋风。它显然不是 2005 年伊始的那个王者了。当时，它驱逐了处在发情期的、排位第三、有恃无恐的凯文。

也许，是时间的魔力。也许，格雷格要优雅地让位。但是，肯定不会让位给这个小青年吧？不是在这里，也不是现在。那实在显得太不得体。

弗兰基不愿意轻易放过奥兹，并且在它不可侵犯的宝座上与奥兹动作轻柔地打架，巧妙地把奥兹推到了一个沟里。这样温和的申斥来自可怕的弗兰基·弗雷德里克斯，简直是发了慈悲。它也许感觉到格雷格正在面对一枚定时炸弹，所以正需要一个温和的帮手。

在经过一番你来我往的打斗后，弗兰基的微妙暗示似乎对奥兹没有产生任何影响。奥兹径直走向王者，邀请它打一架。格雷格显然没有吃准这种无礼的行为，仿佛迁就了奥兹一会儿。

但是，这好像只是时间问题。我能感觉到火车头在积累蒸汽。然后，仿佛蒸汽终于积累够了，格雷格揭开了盖子。它折叠着耳朵，使出浑身力量，用它巨大的头连续重击奥兹舒展的脸。那个小恶魔以高涨的热情接受了挑战。

"来啊，"奥兹摆出的姿势仿佛在说，"来啊，老家伙。败了的王者就要认输。"它用它有模有样的格斗技艺进行了反击。它站在那里，使出浑身力量给了王者一记"左勾拳"，好像根本不在乎能否活过这一刻。

我有理由猜测格雷格没怎么把奥兹当回事儿，否则它会伤了奥兹，而不是选择放过奥兹。对于奥兹来说，它似乎终于显示出理性，让出了宝座，让王者继续安静地喝水。

正如我们在和雄性俱乐部打交道的过程中所看到的那样，年轻的雄性大象并不规避风险。也许，那样在进化上对它们有利。举个例子，在史前时代，冒险是适合男人的，因为他们为了生存必须打猎，必须保护他们的家人。相比较而言，研究显示女人比男人更倾向于规避风险，而这最有可能是因为保护她们的儿女的现实需要。

有一项研究寻求检验婴幼儿如何察觉危险。该研究显示，女孩懂得把蛇和蜘蛛的景象和她们周围那些人的恐惧反应联系起来，男孩却不然。怀疑者说，相较于恐惧反应的先天差异和日后生活中的冒险，那种结果更有可能与女孩优越的面部表情识别能力有关。

但是，如果研究结果实际上显示出两性在反应倾向上的一种先天差异，会怎样呢？这一模式显然和大象是相符的，雌性大象似乎比雄性大象更懂得规避风险。对于雌性大象来说，谨慎和对幼崽的保护至关重要，所以评估他者的行为并做出适当反应。

相比较而言，雄性大象以不谨慎而著称。无论老幼，它们一再陷入危险的境地，例如进入人类农场。根据以往的经验，它们明知道这很危险。然而，在获得谷物的诱惑下，它们仍会这么做。反过来说，同样是这些大象，在进入一个按照它们的经验是人类狩猎区的地区中，它们的确会感到担忧。

任何一位猎人都有可能告诉你，大象知道狩猎季何时开始。因此，对于位于狩猎区内的栖息地的大象来说，冒险的收益并没那么有诱惑力；相反，风险要大得多，因为它们知道进入农场可能受伤，进入狩猎区则可能被杀。

当我注视着年轻的冒险者奥兹独自离开时，我注意到它和王者、王者的亲信的打斗迥异于数天前弗兰基与别的象发生的打斗。那场打斗始于一头不知名的、完全长大的雄性大象决定挑战弗兰基的底线。它嘲笑弗兰基，从水坑一直嘲笑到空地中间，而结果则让它后悔不及。

那两个庞然大物高昂着巨大的头，折叠着耳朵，向对方猛撞过去，尘土飞扬。先是皮肤发出尖而长的声音，然后是象牙撞在一起发出的噼啪声。攻击者最初没有气馁，持续攻击弗兰基，但弗兰基的反击连连得手。它意志顽强，一再发动攻击。我以前从没见过一个坚守阵地的雄性大象表现如此顽强。它推着对手，一直把它推到了空地的边缘。它的对手则节节败退。弗兰基在那里站了好一阵子，对它的对手怒目而视，直到对手态度温和下来，动身离开，消失在树木线中。

在这次打斗后，弗兰基彻底继承了豁鼻的亲王称号。弗兰基曾经让对手浑身是血，长牙折断，灰溜溜地逃走。格雷格选择亲信的眼光不错。它们维持着一种基本相安无事的关系，仅有一些小分歧。有两次，在弗兰基提议离开后，格雷格发出了"我们走"的信号，朝另外一个方向走去，仿佛是在表示，除非王者发话，否则谁也不能决定何时、朝哪个方向离开。

这一情景让人想起了 2006 年。当时，在离开的方向上，格雷格和约翰尼斯发生了争执。从那时起，我们就从没见过它们两个在一起。我觉得，要想驾驭一个有实力的亲信，需要一些巧妙的手段。这种关系会持续多久呢？这个新亲王能够提供帮助，把王者的统治再延长一年吗？

在这些中，另外一个有趣的事态发展是基斯等级的提升。有几次，我看到发出离开的咕噜声的是基斯。只见它扇着耳朵，张着嘴。最近，格雷格似乎让基斯多次发起离开，好像正在提拔它，要让它占据自己的黑帮家族的一个顶级位置。我想知道，弗兰基是否对此颇有意见。

随着一个新季节的流逝，以及二把手的更换，又出现了别的一些似乎在比较湿润的年份才会发生的变化。群体的规模变小了。1/4个头的雄性大象大大增加。它们无法无天，冲击了以前似乎秩序井然的雄性俱乐部的秩序。在此情况下，我们看到，年轻大象中的斗殴增多了；在成年的雌性大象和那些即将被从它们的家庭驱离的年轻雄性大象之间，争执大大增加。象牙在这些年轻的雄性大象的肋部和臀部留下的白色伤疤足以说明问题。

营地里的黑树眼镜蛇

蒂姆和我用一个穿进了两米PVC（聚氯乙烯）
管子、手工制作的绳套，把一条好望角眼镜蛇
移出了地堡。

当黑树眼镜蛇在它的道路上寻求报复时，

它的速度和力量将引发一场旋风。

南非传说，南非哈迈爬行动物公园

唐纳德·斯特赖敦（Donald Strydom）讲述

如果你听说过黑树眼镜蛇，那也许是因为它是非洲最危险、最具攻击性、最大的毒蛇之一。对于那些喜欢收集毒蛇的细枝末节的人来说，虽然它是世界第二大的毒蛇，仅次于眼镜王蛇，但它的毒性是眼镜王蛇的 7 倍，能够长到 14 英尺（约 4.3 米）长。

非洲毒蛇很多，但它们给人们的心灵造成的恐惧不同，因为你其实避免不了踩到它们身上，被它们咬一口，例如善于伪装的鼓腹毒蛇。鼓腹毒蛇造成的伤亡超过非洲别的任何毒蛇，并因此著称。实际上，即使它发动了攻击，移动起来也像个毛毛虫，圆鼓鼓的，无精打采，移动缓慢。

树眼镜蛇不是这样。它不仅拥有致命的毒液，并且在受到威胁时攻击力惊人。它会暴跳起来，1/3 的身体离地，一连对目标咬上数口

（最多可达 12 口），仅仅一口就足以将 20~40 个成年人致死。

不仅如此，它们还是现今发现的移动速度最快的蛇，一小时能移动 12 英里（约 19 千米）。由于以前目睹过它们的速度和攻击性，当一条树眼镜蛇潜入营地时，我知道我们必须非常小心地制定策略，把它清理出去。

在湿季里，当我们生活在那个国家的卡普里维地区时，有那么几次，一条特别大的黑树眼镜蛇横在我们前面的道路上，暴跳起来，打算挑战正在向它高速行驶而来、重达数吨的汽车。它们一般长 10 米~12 米。当我第一次看到这样一个畜生跳得比路虎牌越野车还高时，我吃了一惊。这显然是树眼镜蛇的常见行为，因为它们可不是一般的蛇。

一个同事告诉我，他的一个朋友遭到过一条树眼镜蛇的攻击。那条树眼镜蛇跳到驾驶员那一侧的车窗上，咬了那个朋友的肘部。他的另外一个朋友开牵引车时遭到了一条绿色树眼镜蛇的攻击。那条树眼镜蛇跳起来，咬了那个朋友的阴部。他们两人都死了。

如果谁倒霉，被这些黑嘴的魔鬼之一咬了一口，那么它的毒液里的神经毒素和心脏毒素会迅速入侵人体，它平均每咬一口分泌的毒液约为 100 毫克~120 毫克。受害者刚被咬时会觉得被咬的地方疼，然后嘴里和四肢会感到刺痛，接着头晕眼花，迷乱，复视，心律失常，流汗，失去对肌肉的控制。

如果受害者没有立即接受医学治疗，他接着会出现恶心、呕吐、气短、休克、麻痹等症状。如果出现了麻痹状态，进行人工呼吸可以延长受害者的生命，直到条件允许可以注射抗毒液素。但是，如果没有抗毒液素，受害者几乎肯定会死亡，死亡率是毒蛇伤人事件中最高的。死亡会发生在 15 分钟～3 个小时之间，取决于被咬的具体情况。

就我所知，在被黑树眼镜蛇咬过的人中，只有两人幸存了下来。其中之一是一名在刚果做援助工作的法国工人。他熟谙遭黑树眼镜蛇攻击的急救之道，因为他当时生活在一个非常偏远的地区，所以预先制订过许多紧急计划。他在自传里写道，在被咬之后，他给他的职员写下了一些指示，解释他将出现什么状况，以及他们需要做些什么才能拯救他。幸运的是，他的职员并没有被他们的雇主迫在眉睫的死亡吓倒，对他进行了长达 24 个小时的人工呼吸，直到把他带出丛林，送到了刚果首都的医院。

第二个受害者是我认识的人。他是一名在克鲁格国家公园工作的南非人。一天，在徒步巡逻的过程中，他绊倒在一条黑树眼镜蛇上，腿部被咬了一口。他立即把腰带系在大腿上，一瘸一拐地回到了主路上，去搭乘游客的车辆。

他很幸运，叫停了一辆车，车上有两个来自英国的老妇人。在解释他的情况时，他显然非常平静，结果她们并没有认识到问题的严重性。她们喊了声"我的天啊"之类的话，然后继续以低于游客速度上限 60 公里 / 小时的速度开车。他不得不又解释了一次。这一次她们极其安静，开车的那位老妇人把油门加到了最大。他及时地赶到了医院。

我只能说，我对我们的不速之客没有掉以轻心。我丈夫蒂姆也没有。蒂姆在地面那层修补电围栏控制，突然听到在开向营地的博马布门里传来嗖嗖的声音。他立即警觉起来。只有一种东西能发出这样的声音。我正在下塔梯时，他喊了我的名字。

"凯特琳，我听到门那边传来一种声音，"他低声说，"我觉得那是一条蛇。"

我们都走了过去，想靠近看一看，但又没有靠得太近。果然，有一条头很小、深橄榄绿色的蛇，在我们的博马布门口怡然自得。我马上断定，那是一条黑树眼镜蛇。别的蛇没有那种身材、颜色和那样小的头。它显然尚未成年，但就树眼镜蛇的情况看，那并非好事，因为年轻的蛇还不知道要杀死它们的猎物需要多少毒液，每咬一口释放的毒液要比成年蛇多强得多。这可不是一个令人宽慰的消息。

我的心脏开始怦怦地跳。在我的脑海里，我看到的就是一条有着毒液泉的蛇，并且它正在冲向攻击它的人。我们怎样才能把它从营地里清理出去呢？这是一种极度危险的状况。

我们探讨了可能出现的情况。

"我们干脆朝它扔一块石头，干掉它。"蒂姆耸了耸肩。

"我们的营地可没有那么大的石头，再说我们还有可能砸不中它。"

"要是手头有杆猎枪就好了。"

我点了点头。我们都知道，这是废话。

我们默默地站了一会儿，每个人都在想怎么办。蒂姆和我不愿意在穆沙拉大开杀戒，但我们也知道，当地的管理员会毫不犹豫地杀死一条黑树眼镜蛇。在谈及这类问题时，一个人曾经说："要么杀戮，要么被杀。"但是，我们怎样才能安全地杀死那条蛇呢？

在面对危险时，蒂姆显得异乎寻常的足智多谋。他想起了他少年时看过的一套探险书。在这套书中，两个男孩子设计了一个非常长的绳套，套住了一条毒蛇，杀死了它。说来也巧，我买了几根 6 英尺（约 1.8 米）长、直径 1 英寸（2.54 厘米）的聚氯乙烯管子，用作电围栏的绝缘体，还剩下一些，做了晾衣绳。蒂姆和我用了没几分钟，就用我们的晾衣绳搓了一根绳子，在一头做了个套子。

我们通知了每个人，让他们在我们的补救行动期间待在塔里。接下来，就如何抓捕、抓捕的结果，以及在抓捕中可能出岔子的所有情况，我们又进行了长时间的讨论。

我有些担心。"如果绳套套不住它，怎么办？万一它的脖子刚好穿过管子呢？"

蒂姆设计了一个锁死结构，以杜绝这种情况发生。他对猛地甩蛇并不担心，因为他计划安全地逮住那条蛇并把它杀死。

在进一步商讨的过程中，我们认定我们需要两个绳套，其中一个备用。我们的纳米比亚志愿者罗利·布朗（Rowly Brown）自告奋勇，要充当候补树眼镜蛇捕捉者。他坚决主张，我们不能杀死那条蛇，而是要用绳套把它安全地拖走，拖到一个距离我们的营地适中的地方，把它放了。由于罗利在纳米比亚长大，非常热爱自然，他的主张还是有些分量的。蒂姆和我讨论了一下，认定那样最好，因为鉴于我们在这种情况下是自然的客人，我们不想养成杀生的习惯。

就在打第二个绳套、蒂姆和罗利开始选择位置时，我有些担心情况会瞬息万变。如果蒂姆第一下没能套住那条蛇，我们需要为各种可能的结果做好准备。

"好了，还是等一下，"我说，"我们应该准备你没有套住，而它会向你扑过去。蒂姆，你知道它们能跳多高。即使它没有咬你，但如果它逃到厨房或塔后面，再抓就难多了。"

于是，蒂姆和罗利搬来了两张餐桌，把桌腿折叠起来，用它们当作盾牌。他们拿着绳套和巨大的金属桌子，靠近了那条蛇。那条蛇没有察觉，继续躲进阴暗的角落。蒂姆把绳套慢慢地向前伸，小心地降到了那条蛇的头上。

　　蒂姆猛地抖动绳套，那条蛇就被吊在了那条长长的聚氯乙烯管子上。由于管子的一段缠绕在蒂姆的手上，蒂姆的手被勒得变白了。在管子的另一端，绳套牢牢地套在蛇的脖子上。

　　从他脸上的表情看，我知道蒂姆想立即就地折断那条蛇的脖子，一劳永逸地解除这一威胁。谁也不想拯救一条黑树眼镜蛇。我敢肯定，他的脑袋里翻腾着这种想法。

　　然而，在我们正在崭露头角的纳米比亚生物学家的启发下，蒂姆克制住了他的要么杀戮要么被杀的思考，移动了一下，好让罗利下第二个绳套。当罗利把第二个绳套降在那条蛇的头上并且拉紧时，那条蛇蠕动着。成了！

　　不过，现在需要筹划怎么放生了。我们将怎样放生呢？蒂姆和罗利并肩站着，紧握着绳套，一端吊着一条黑树眼镜蛇。对于这条活的电线，他们开始有了第二个想法。他们怎样才能在不被咬的情况下把它放掉呢？

　　我们决定，他们最好坐在卡车的后挡板上，用 6 英尺长的绳套吊着那条树眼镜蛇，然后由我把车开到路上。当我沿着沙土路开车，慢慢朝公园的北部边界行驶时，我使出了浑身解数，以避开大象做沙浴制造的隆起和深坑。

　　我们驶出了空地，继续向前行驶，直到抵达一颗郁郁葱葱的树。我停下卡车。他们轻轻地从后挡板上滑下来，小心地走向那棵树，把那条蛇放了。

　　当然，他们非但没有迅速离开，反而忍不住观察起那条蛇对获释做出的反应。幸运的是，它并没有尝试发动攻击，而是迅速躲到了那棵树的阴影里。蒂姆觉得它好像受伤了，但那也许只是一厢情愿，因为在回营地的路上，当他们漫不经心地聊着它时，罗利对蛇的外表赞赏有加。他们都在努力地平复自己剧烈跳动的心跳。

回想起来，驱除树眼镜蛇实在是一件大事，但事情发生得太快，很不幸的是，谁也没有拍摄这一惊人的捕捉的照片。当时，这太折磨神经了。我觉得我们当时需要使出全部智慧，不应该被摄像机分神。

在接下来的几天里，蒂姆和我检查了营地的安全措施，熟悉了距离最近的楚梅布镇的医院的位置。从我们的营地开车到那里，需要两个小时。我们也检查了在半夜出公园大门的办法，公布了看大门的管理员的电话。万一我们需要半夜去医院，将不得不给他打电话。

我们都买了紧急医疗疏散保险。从理论上讲，如果有必要，一架直升机会降落在纳穆托尼，把病人运到温得和克。但是，说到被蛇咬，留给我们做出反应的时间窗口会非常狭窄，我们知道也许有必要开车前往楚梅布。

我们一直在想，我们让那条蛇活着是不是做得对。管理员认为我们疯了，但他们眼睛里一闪而过的眼神告诉我们，在他们对大象研究者的评价中，敬意也增加了。他们高兴地把一副树眼镜蛇绳套拿回了办公室，以备不时之需。

但是，一个管理员提醒我们，树眼镜蛇恋土。他希望它不会回来。

我们的心沉了下去。回来？真的会回来？

冲着充满睾丸激素的
月亮吠叫

满月升起时的两头成年的雄性大象。

我坐在吊床上，欣赏着风景。狮子座的尾星五帝座一灿烂夺目，挨着一轮橘红色的下弦月。月亮正在升起，宛如一颗压扁的蛋黄。两个长勾一上一下，月亮的上端仿佛被一个指甲剪紧紧地夹住了。月亮高升，撒下一片黄色的清辉，把塔的影子投射到了银色的地面上。冕麦鸡发出响而粗的叫声，好像在主张对大地的所有权。与此同时，斑雕鸮发出了柔和的叫声。

一个小时前，在一片漆黑中，我曾经开着卡车出去，搜集发情的冒烟儿的粪便。一头潜行的雌狮子试图袭击一支紧张工作的粪便收集队。过了一会儿，冒烟儿怀着发情期的想法回到了水坑。东边传来了一头雌狮子慵懒的吼叫声，它的伴侣则报以同样慵懒的吼叫。在前一天的夜里，它们持续交配，吼叫声一夜未息。

它们每次交配之前，雌狮子都要站起来，用它尾巴上的那撮黑毛轻扫伴侣的鼻子。然后，那有节奏的咕噜声就开始了。接着是怒吼和露出怪相，雄性狮子达到爆炸一样的性高潮。最后，雌狮子发出交配后的惬意咕噜，并且背着地躺着，很有可能是为要把尽可能多的精液导入输卵管里，而不是在享受狮子版的那种性交后幸福的挣扎，即所谓的"事后一支烟"。此外，为了刺激排卵，它以令人钦佩的快乐持续着它的交配计划。

一只大耳狐在远处大声号叫，而我则在倾听冒烟儿喝水。今天标志着它这一季第一次到访穆沙拉。它是傍晚从南边过来的，差点儿撞上我们的粪便收集队。我们当时在外面采集家庭-群体排便样本，检测不同年龄段之间的寄生虫数量差异。

冒烟儿在过来时拐了一个弯，重新界定了树木线的形状。它对我们挡住它去水坑的路感到不满，大摇大摆地走了过来。我们迅速抓起我们已经在图上标出并将其标记为来自一个半大的家庭成员的粪团，撤离了那条道路。

虽然仍旧容易遭遇危险，但我们感觉多少受到了一点儿保护，于是就匆匆忙忙地准备样本。然后，我们朝着塔开车回去，绕到了南边，以收集来自更多家庭成员的粪便。冒烟儿站在水槽头，把鼻子卷到头上，大张着嘴看着我们，摇着头，啪啪地甩着耳朵，一直在撒尿。

再次见着冒烟儿让我感到激动。但是，它过去那双神气地张开、完美无缺的长牙现在都断了，又让我感到失望。去年是左边那根断了，今年是右边那根。这让我想知道，它怎么直到最近还能原封不动地保持它们，因为它并不惧怕挑战。不过，我必须说，在他发动的所有挑战中，只有一头雄性大象答应应战（一头发情的大象，我们再也没有见到）。其他雄性大象似乎并不想为了潜在的打斗而逗留不去。为了获得那种尊重，某些真的令人印象深刻的打斗必然会在某个时刻发生。

在喝了一阵子水后，它又开始了表演。它先是摇头，啪啪地把耳朵甩到脸上，接着把鼻子卷到头上，横过它的脸，最后把鼻子放在了一根长牙上。与此同时，它一直在撒尿。紧接着，它思考了好一阵子，想搞明白往哪个方向走，才最符合他国王般的离去。就是说，哪个方向最有可能通向乐于服侍的侍女，或最有可能通向一个不容易控制并且对它在自然界的地位毫无敬意的对象。我不禁想，如果有一个新的心腹，那么在冒烟儿在场的情况下，格雷格会不会多些勇气；或者，会不会旧戏重演，即黑帮总头目碰到了一个地方性的王者，后者别无选择，只有躲避。

由于冒烟儿是我们最引人注目的发情的雄性大象，很难想象在不发情时他的行为会怎样。一般认为，很多占支配地位的雄性大象能够维持发情数月之久，反之较年轻的雄性大象只能维持发情数天到数个星期。我希望，我这一季安装在塔上的摄像机陷阱能够帮助解决这种谜团，至少要解决一些关键对象身上的谜团。

最重要的是，王者何时进入的发情期？某种情况让我明白，即使处在发情期，它也无法同冒烟儿较量。但是，如果是这样，就会和盛行的理论发生冲突。不仅如此，由于我怀疑王者本身有能力压制它的俱乐部的其他雄性大象，使它们停止发情，即使当时格雷格并没有发情，也许与它匆忙在冒烟儿面前退却的表面现象相比，它对群体的控制要牢固一些。

狮子现在正在接近观察塔，而那轮下弦月升到了塔顶。东面、南面、西南面都有咆哮声传来。也许，在用过晚餐之后，狮子们有点儿渴了。从那死亡的号叫声和我们吃饭时听到的受害者弥留之际的鼻息声来判断，狮子们吃的是一只大羚羊。

冒烟儿在水槽待了好一会儿，水喝得不多，摆的姿势倒不少。在此之后，它仍然站在水坑边缘，直着身子，似乎在顾影自怜，并且用语无伦次的话语、紧咬的牙齿来唤醒它体内的睾丸激素魔鬼的怒火，就像电影《性感野兽》（*Sexy Beast*）中的本·金斯利（Ben Kingsley）准备施暴时那样。人们早就怀疑，处在发情状态即使不是一种痛苦的经历，也是一种不舒服的经历。

冒烟儿最终向西边的旁道走去。当它试图压抑它由激素唤醒的魔鬼时，它再一次甩起了耳朵，发出了很大的啪啪声。接着，它扬起了灰尘，用鼻子铲起沙土，猛地甩到它的头顶上。与此同时，它先是扇动一只耳朵，又扇动另一只，可能是为了让它的发情气味飘散。它把鼻子卷到脸上，大张着嘴，一蹦一跳，阴茎端鞘再次喷出了尿液。它在它拖长的、戏剧风格的主题曲里缓步走着，间或来回摆动鼻子，好像在扫除一切敢于挡道的歹徒。这是一只统治所有野兽的野兽。

由于盆地现在缺少观察对象，我才开始注意到寒冷。那只雌麻鸭回来找它忠实的配偶，在降落时泥水四溅。在最近的白天里，为了避免被抢去地盘，它的伴侣尽职尽责地守卫盆地，而它则在附近的灌木丛的巢里孵卵。

以前，这一对白天是在别的地方过的，可能是在孵卵并看守巢穴。它们在傍晚返回盆地，第二天一早再次离开。它们每次飞行前都要来一个仪式性的情况传达，雄性发出一声哀鸣，雌性则报以一声刺耳的叫声，然后它们才会起飞。

我把兜帽扯了上去，等待着那些猫科动物沉重的舌头击打水面发出的声响。不听到那些声响，我就不敢撤离。鉴于咆哮声从不远处传来，那些猫科动物随时都有可能溜进来。

我想知道我们的定居雌性狮子短尾巴的一岁雄性幼崽怎样了。在上一季里，它们不断骚扰我们定居的黑犀牛——发痒的麦克斯普利索恩。

我断定这一季一直在这里闲逛的那两个亚成年雄性狮子是短尾巴的孩子。它们的鬃毛都见长了，虽然邋遢，却很可怕。当那三头完全长大的雄性狮子在场时，这几只幼兽是不受欢迎的。在我们到来的第一天，那三头雄性狮子在营地里迎接了我们，那头毛发光滑的雌性运动健将紧随其后。

现在仍不清楚短尾巴和它的四个新幼崽在回避谁，但它只在凌晨4点左右带它们来盆地。它召唤它的幼崽的声音最近暴露了它，从那时起我一直在暗中监视它。

在此前几个星期里，大风劲吹，口渴的动物来来往往。如今，在一轮下弦月下，大地恢复了平静。空气静止不动，夜里只有飒飒的声音。月牙一天天变弯，最终把我们留在了黑暗之中，沉思时空之无限。然而，在过去的一个星期里，那种月相对穆沙拉的那些年轻雄性大象煽动者几乎没有产生任何影响，它们依然不安分。它们朝着它们的命运飞奔而去，就像沐浴在阳光下的那些不朽的英雄，向比他们强大得多的诸神晃着他们好使的、可怕的剑，仿佛浑然不觉必死的命运就躺在他们放荡的激素冲动下面。

一股轻风已经吹起。吊床上很冷，让人再也待不下去了。塔的遮阳布墙在风中摇摆。就在这时，我一直在等的东西终于出现，即那些食肉动物的舌头击打水面的声音。在仍旧黑黢黢的盆地里，那种声音此起彼伏。那是一种完美的道别，让我在深夜里酣然入睡。

没完没了的风

季末到了，奎利亚雀鸟数量最多，风最大，格
雷格靠近了水坑。

就在营地里最冷的那个夜晚的第二天，风整整刮了 24 个小时。风整夜都在吹打我的帐篷，没有片刻停歇。啪嗒！啪嗒！啪嗒嗒！帐篷几乎抵挡不住那种力量。塔吱吱嘎嘎地响。风吹过金属中的小缝隙，时而低吟，时而怒号。喧嚣之中，难以入眠。

接下来的一天，风把沙土旁道上的沙土吹进了营地，所有东西上都覆盖了一层沙土。塔后面的一些区域宛如雪堆，那里的沙土已经被旋进了角落。连保持头脑清醒都难，更不要提每做一顿饭里面都有沙子了，这让人疲惫不堪。我和我的团队都精疲力竭。但是，我们都坚持着，等着折磨结束。

我这一天的很多时间是在帐篷里度过的，写东西，观察狂风肆虐的盆地。盆地看上去光秃秃的，全无动物的踪迹，倒是有些像热带飓风正前面的盐池，水分两边，卷起来，似乎还没落到地面就消失了。

那天傍晚，风终于停了，营地里的人都舒了一口气。之后不久，口渴的象群就涌了进来，咕噜着，吼叫着。尘土飞扬。当一头年轻的大象被戳了一下时，它的皮肤吱吱地响，疼得它大叫起来。接下来，就是占支配地位的家庭群体和处于服从地位的移位安排。新月初上，天太黑了，即使通过夜视仪，也难以辨清各个群体之间争夺支配地位引发的混乱。

　　我想，在混乱之中，那九只可怜的小麻鸭会遭遇什么。它们是上个月出生的。在沙暴之间，它们的母亲勇敢地引导它们出了灌木丛，穿过胡狼出没的空地，进入盆地的安全地带。它们生命脆弱的第一天是一个速成班，它们要在其中学会不被吃掉，不被卷入小尘暴，不被踩死。

　　让我感到欣慰的是，第二天早上我们清点时，九只小麻鸭一个不少。它们安然挺过了第一天。安宁回到了穆沙拉水坑。傍午，在和雄性俱乐部度过了一段令人惊奇的时间后，我们第一次有机会看到冒烟儿如何对付凯文。我确信我们将看到一次和格雷格的撤退不相上下的撤退，但坚毅的凯文却证明我错了。

　　凯文以临危不惧的自信一再让我们始料不及。第一次，在发情时，它对抗了格雷格。接着，在上一季里，它对抗了可怕的贝克汉姆。如今，它面对冒烟儿也不肯让步。毫无疑问，这场遭遇将有一个麻烦的开端。但是，结局偏偏是，冒烟儿给了凯文一个从鼻子到嘴的问候，然后凯文允许冒烟儿检查它的阴茎。在此期间，冒烟儿的耳朵一直搭在凯文的屁股上。这是两头令人印象深刻的大象之间的一种奇异的互动。

　　第二天上午，亚伯和威利在另一阵强风中出现，看上去非常犹豫。亚伯花了很多时间来展示它的警戒行为。自这一季开始，我们就没见过它和格雷格在一起。此外，我推测它和冒烟儿之间的情况也是如此，确信它正在试图避开那个我行我素的家伙。

　　它们两个在水坑边待了差不多一个小时，亚伯在大部分时间里占据着水槽头。最后，威利靠近亚伯，把鼻子放进了亚伯的嘴里，好像准备离开。过了不久，它们就分道扬镳，各自离开，威利向北，亚伯向西北。它们离开的时候，留给我们很多粪便。它们离开后，我又看到它们走向了北方，突出在远方的树木线中，似乎仍然搞不准去哪个方向，是否继续黏在一起。最后，它们朝着北方走了。它们逐渐靠拢，最后排成了一条线，亚伯走在前面。

威利这一季一直是个墨守成规者。它经常在营地附近待好一阵子，后腿交叉，昂着头，耳朵伸向营地。还有一天夜里，我爬上塔的第三层地板，注意到一头黑乎乎的巨兽停在营地西南角附近。果然，又是威利。它站在以前站的那个位置，就像一座雕像，后腿翘起，耳朵冲着营地。它仿佛对我们的活动感到很好奇，无论是白天还是黑夜。到了黑夜，我们的照明灯会在塔上垂直、横向移动。

最近，它和基斯产生了矛盾。它们的矛盾越积越深，最后在一场酷似糟糕的西部牛仔式的决斗里达到了顶点。在和权贵们（占支配地位的雄性大象）长饮之后，它们两个拖在了后面，好像它们有一件共同的事情要做。威利开始向北走，基斯跟着，它们之间有很长一段距离。当威利抵达沙土路时，它转过身来，面对着基斯。基斯也相应地停下了脚步。它们站在那里，面对着对方，但距离大约有 150 米。它们的重心移来移去，这样过了很长一阵子，好像在等着对方先动。你几乎能够听到靴子上的马刺的叮当声。

也许，随着基斯的地位越来越高，它开始随意对待威利，而威利不喜欢它这么做。威利好像觉得需要让这个野心勃勃的家伙安分守己。在死死地盯了好一阵子后，威利摇了摇头，冲着基斯啪啪地甩了甩耳朵，然后向北走了。虽然有些犹豫，但基斯继续跟在后面，尽管威利偶尔会回过头来看他。要激怒威利并不容易，但它的耐心正在被耗尽。

基斯似乎认出了相关迹象，保持着距离。与此同时，太阳低低地挂在空中。

日落时分，天空阴暗，场景壮观。大象们奔跑而入，腾起阵阵黄尘。在拍摄照片的间隙，我们统计了大象的群数，注意到它们里面有完全长大的、半大的以及刚出生的大象。我们还记录了弯耳朵等可识别的成员，以及新来者小皱耳朵（在另外一个群体里的一头年轻雌性大象身上，我们发现了一个相似的耳朵软骨缺陷）。弯耳朵今晚火气很大，赶走一些群体，以惊人的力量戳一头不受欢迎的年轻雄性大象。天越来越黑，我们架起夜视屏幕，在视频上观看后面的剧情。

左边出现了骚乱。黑犀牛发痒把那两头度蜜月的狮子从它们的心形床上赶了下去，逼着它们穿过空地，向西方退却。那头精疲力竭的雌性狮子停下了，先喝了一些水，然后向西边走去，消失不见。

过了一会儿，我们听到了一阵喧闹，好像雄性狮子在抢夺食物。我们试图确定噪音的方位，但它们刚好超出了我们的观察范围。

又过了几分钟，我们听到了相同的喧闹，只是这种喧闹在移动，并不停留在一个地点上。如果是与争夺食物有关，喧闹声应该不会移动。我们摇动镜头，终于看见了是怎么回事。原来，是罗伯特偷了它的铁哥们儿的新娘布拉德。罗伯特是我们这里的定居者，但很少光顾，是一头黑鬃的雄性狮子。布朗迪（即布拉德）已经被霸占了。罗伯特一边发出威胁的咕噜声，一边安全地押着它的俘虏向北边走去。它们将在那里安顿下来，开始进行营地经历过的那种最嘈杂的交配过程。

这对活力充沛的新情侣维持了一种积极的交配模式，间隔6分钟～10分钟，始于有节奏的咕噜，接着是标志性的雄性的性高潮和雌性的怒吼，最后归于沉寂。在寂静的天空下，这将是一个漫长而喧嚣的夜晚。云层很厚，就像一个温暖的棉毯子裹住了寒冷。通过云层中的一个小缝隙，只有土星隐约可见。这是一个可喜的变化。

不知道是出于什么原因，在有云的几天后，雄性大象到了夜里才来，让我们无法获得样本或记录行为数据。日子渐渐变慢，于是我指派学生写一些相关的科学文章，在我们年度杂志俱乐部内部提交，以保持他们的警觉和营地的思考活力。

随着这一季逐渐过去，每天吃过晚饭后，我都不顾天气寒冷，在吊床上待几个小时。我已经开始对再次离开感到焦虑，看着银河和南十字星座，心头涌起熟悉的隐痛。

大象来往的变缓原本应该有助于我开始闭营工作，但是情况并不是这样。夜晚变得越来越冷。这不同寻常，因为天气应该越来越暖和。离开的命令本应该发出，却没有发出，使即将到来的分离更加混乱。

我的团队在即将到来的撤离上存在问题，但我不想谈论它们，不想在脑子里思考每一步，因为一旦这么做，我就将不得不面对现实。我就是想把它拖延几天。但是，我知道，那对别人不公平。大家都想详细探讨关闭程序，然后做打包装箱的工作。很多人还有别的事情要做，可以理解，而我仍在坚持做这件事。

在上塔的过程中，我向水坑望去，看到格雷格和年轻的汤加男孩在那里。仅从它的姿态看，我就肯定那是格雷格。新月初上，天很黑，用夜视仪也起不了多大作用。我相信，通过它离开时发出的声音，我们已经确定了格雷格的身份。我打开了录音机，以防万一。

果然，几分钟后，一声很长的低声咕噜就如约而至。由于只有一个同伴和格雷格在一起，因而没有众象齐吼，那头年轻的雄性大象顺从地跟着，潜入了黑暗之中。

有了这次送别，我决定进一步让自己平静下来，全神贯注地再观赏一会儿南十字星座。虽然那无可否认地标志着我们即将离开，但对于夜空来说，那也是一种可喜的增加，是一种令人愉悦的对黑暗的冲击，与银河的光辉相映成趣。它令人痴迷，就像观察波浪在沙滩上裂开，像观察篝火的火苗舔着硬木头并发出噼噼啪啪的响声，像经历夜晚来喝水的雄性大象的来来往往。此外，由于在数不清的星簇下面，在仅有 80 米远的地方，我交往 17 年的老友、占星家大象丹尼尔正在喝水，我不想离开。那大约正是它一般的来访时间。它往往在每一季即将结束之时的夜里现身。

当我坐起来想通过夜视仪看得更仔细一些时，突然出现一道闪光，在天空划出一条长长的弧线。流星映在水坑上，非常明亮，似乎让那头温和的、张着长牙的庞然大物受到了惊吓，使它停止了泡脚。

看到丹尼尔再次引发了我对大象未来的担忧。关于偷猎、大象与人发生的冲突的报告之悲惨年甚一年，因此必须采取措施保护大象，减少大象与人的冲突。那些与大象共享土地的人的宽容正在减弱，世界范围内被用于大象保护的土地也在减少。

但是，我又能评判谁呢？如果我是黄石公园外的一个牧场主，我会希望我的后院里有狼吗？我希望我会，但这很难说，因为我并没有处在那个位置。此外，对于众多生活在非洲的人来说，大象在夜里发动的一次突袭可能意味着挨饿一整年。那不是一种可以容忍的状况。但是，人和大象为在非洲保持一个立足点所付出的努力是密不可分的。很难说未来会是什么样子，但我依然希望，对雄性大象的秘密世界的每一点研究都将起到帮助作用，让我们对它们有更多的认识。

寒冷变得越来越令人难以忍受，我从帐篷里取出了睡袋。我仍不愿意就此停住。我决心尽可能地利用最后这几个晚上。

我想到，20 年前，我曾经坐在相同的位置，在地堡里，聆听雄性大象喝水，眺望着南十字星座，思考我的生活将通向哪里，陪伴我的只有我的吊床、录音机、一台扩音器、一个用来加热茶和汤的煤气炉。与在地堡里相比，在三层塔上进行研究已经变得舒服多了，但我真的怀念那些日子的简单，怀念那些冥想的时光，只有我和大象，它们缓慢、带有沉思意味的呼吸，它们缓慢、冗长的饮水。我一直等到南十字星座落到了地平线，才算是整整一夜。

我甚至连看都不用看，就知道在我上床睡觉时，谁刚刚抵达了水坑。从耳朵的啪啪声和皮肤的吱吱声里，我知道喜欢大惊小怪的冒烟儿已经回来喝睡前饮料了。然后，我注视着它腾起灰尘，沙土倾斜在它庞大的身躯上，就像朦胧月光中的钻石沙那样闪着微光。

格雷格不久前的迅速撤离并不出人意料。在这一季里，这是它与冒烟儿喝水的时间的第一天重叠。情况正在发生变化。天将会开始变暖，植被将会返青，大象将再一次活跃起来。

被
废
黜
的
王
者

格雷格长时间地把鼻子上的伤口泡在水坑里，
基斯经常在空地边缘等它。

我的狗弗罗多已经学会了厌恶拉链的声音。每年，随着前往纳米比亚的日期临近，我的日常模式变得越发狂乱，弗罗多就会转着圈子，越来越靠近每个拉链被拉动时发出的响声，寻找机会扑到我的膝上。它用眼神恳求我不要离开它。不知怎的，它的眼神非常沉重。它长叹一声，仿佛在"问"究竟是什么让我不顾它的忠诚而离开。

虽然我的生活里只是多了一条狗，但它却迫使我以意想不到的方式面对我自己。在此情况下，它会迫使我自问，我坚持这种生活，以微薄的预算在埃托沙公园里我的研究地点坚守，坚持和我非常了解的那些大象在一起，究竟对不对。

我停止整理行装，花一些时间来安慰弗罗多，轻轻地爱抚它。我承诺，一旦我打点好行装，就陪它到沙滩散步。清单上剩余的东西已经不多了，我听到其中一样东西正在烘干器里旋转。"我们很快就去沙滩。"我一边说，一边抚摸着它的腹部。

它的眼睛里充满焦虑，把头放在我的膝上，又叹息了起来。

每到夏天，我都越来越难以割舍家里的物质享受。实际上，我每年都对自己说，这一年我们不会回去了。这一年的 7 月，蒂姆和我要坐在某个地方的一座热带岛屿上，白天在色彩鲜艳的鱼儿中间漂浮，像鱼儿那样对这个世界无所挂怀。

　　我突然渴望不上不下地浮游，缓缓地呼吸，让轻柔的波涛抚摸我们晒黑了的后背。节制具有治愈的功效，只要我有足够的时间来控制焦虑，接受见证最新的大象季的大戏开演的激动。

　　但是，我的焦虑渗入了心灵。在我动身前往非洲之前的那个晚上，我梦到，在尝试把一条巨大的黑树眼镜蛇挡在我们的营地之外时，我被它咬了好几口。我之前从未梦到过蛇，也没必要怕它们，但正如在我前几年做的所有梦见狮子的梦里那样，困扰我的睡眠的确实是责任的分量。毒蛇每咬一口，我的信心就会出现缝隙；针一样的尖牙的每一次嵌入，都会弱化我在真实世界中的征服时刻，使之归于失败。此外，随着毒液在我的梦里进入血管，我的潜意识开始斥责我进入了一个自己依然无法控制的领域。

　　我梦中的毒液只是想象，但格雷格在身居高位六年后的最终陨落却是铁一般的事实。它的失败很明显，我们一返回研究地点就发现了。它和凯文之间的战斗发生在 2010 年。在这一战斗过去五年之后，它露面时，它鼻子的一侧靠近鼻尖的地方裂开了一个可能是脓疮造成的洞。

　　当它喝水时，每喝一次就会洒掉一半的水量。它的体重减轻了不少。在长饮之后，它会花大量时间浸泡伤口。它变得极为乖戾，对友好的提议报以啪啪的甩耳朵。有一天，年长的布伦丹小心翼翼地靠近并问候它，它几乎是暴跳如雷。虽然格雷格用折叠起耳朵代替问候，发出了实施攻击的信号，但布伦丹继续坚持发出善意。最后，格雷格接受了布伦丹做出的从鼻子到嘴的问候，没有做出伸头、甩耳朵的拒绝姿势。在整整一季里，格雷格对其他大象从没这么友善过。

随着渐渐康复，格雷格开始不接受它的同辈或年长者的陪伴。这么做也许完全是有理由的。它也许希望避开另一场政变，在恢复体力后重返宝座。它只和比它年轻的雄性大象一起进来，比如基斯、蒂姆、斯宾塞，以及一些新加入的成员，比如小唐尼、小里奇、坚强男孩。

我想知道，新加入的成员是否能帮助格雷格度过这一段艰难时光。年轻的雄性大象刚从它们的家庭出来，寻找着同伴，似乎渴望待在格雷格身边。尽管它心绪不佳，但它好像知道如何吸引下一代成员。如果需要，它也许可以把它们当作亲密的伙伴。

有一次，格雷格和那些年轻的新成员一起来喝水。它先是长饮一通，然后开始浸泡它的鼻子。等它准备离开时，那些新成员早就走了。虽然只剩下它自己，但它仍像往常那样发出了示意离开的咕噜。它咕噜了一次又一次，仿佛沉浸在一个无法改掉的习惯里，但它悠长、低沉的叫声没有得到回应。当它站在空地的边缘时，我不禁为它感到难过。它难道是在等一个同伴？

后来，我听到远方传来雄性大象的咕噜声。我能分辨出有两头雄性大象在叫唤。我再次透过夜视仪观看，看见了格雷格和基斯。也许，王者的确是在等他的随从现身；基斯几个小时就进来喝过水了，现在又回来接格雷格。

格雷格和基斯一起走了出去。它们一边拍打着耳朵，一边轮流咕噜。它们缓缓地走上了一条小径，然后消失不见，一如过去的那些美好的日子。

在我注视着它们离开的时候，我觉得格雷格有希望挺过这一段艰难的时光，即使它不得不放弃它作为王者的地位。但是，当我在 2011 季抵达纳米比亚时，我有一种可怕的预感，即格雷格也许已经去世。

特写镜头：格雷格的伤口。每当格雷格用鼻子往它嘴里送水时，一半水会洒掉，使它喝水的时间增加了一倍。

从温得和克到埃托沙的道路是一条漫长、平坦的柏油路，道路两旁排列着伸向天际的金合欢树。当我们驱车上路时，我没有觉得这将是另一场史诗般的旅行，心头反倒有一种惆怅挥之不去。我不仅觉得有责任保护我团队的安全，也禁不住担心格雷格，以及如果它不在，它的命运会如何。它把仁慈和专制结合了起来，非它的同伴所能及。如果它因为鼻子的伤口而丧命，那么就将存在很多悬而未决的问题。

鉴于为这个研究项目耗时很久，相较于收获，与努力相关的负面因素清单本来就已不少，格雷格悲惨的状况可谓雪上加霜。对于任何局外人来说，似乎很简单，只要弃之不顾，继续生活就好了。但是，我知道接下来将会发生什么，就像又把一枚 25 美分硬币投入自动售货机，希望获得意外的收获。只是再赌一次，再多一座沙丘，再多一波浪涛，再多一座山峰，再多一座山脉，而对于我来说，仿佛只是再多一季，大象就会给我呈现出某种内在的真相。相应地，我怀揣着一种也许有些愚蠢的希望，希望我的行为研究和研究为人类社会打开的这扇窗在一定程度上能够帮助大象们摆脱那似乎不堪设想的命运。

我们在刚进公园不远处的奥考奎约水坑后面的一个灌木营地过了一夜，然后驱车向东，前往纳穆托尼休憩营地。在萨尔瓦多雷附近洪水泛滥的埃托沙盆地，我看到一大群火烈鸟排成了一列。这一壮观的场面让我内心的隐忧减轻了一些。

粉红色和黑色的长条从岸边向里延伸，在泛着微光的短命湖的湖面上泛起小小的涟漪。我们在盆地边缘停了一下，想看一眼那一在 7 月极不寻常的景象。我很想趴在一个浮木上漂漂，消失在青草点缀的钙质结砾岩湖岸之外，没入那一片嗷嗷叫的、狂暴的粉红之中，但我不得不压抑住了这种想法。

在 2010 年 10 月和 2011 年 5 月之间，温得和克的降雨量创下了历史之最。我无法准确地判断出，这对于我们的田野季来说意味着什么。埃托沙的降雨量与之类似。在其他雨量充沛的年份里，我们的大象研究进展极为缓慢，因为大象可以喝水的地方仍有很多，即使在 6 月底也是这样。

虽然雨水充沛，但我还是觉得对于穆沙拉这里的水塘来说，这将是一个热闹的年份，因为在向我通报营地建设项目的进展时，约翰尼斯说，大象现在定期来穆沙拉喝水。他补充说，那个地区有大量大象活动的迹象。

但是，这一振奋人心的消息却被另外一个事实抵消了。他说，它在地堡里发现了一条两米长的蛇，估计是一条莫桑比克黑颈眼镜蛇。我的心脏轻轻地跳了一下。当我还是一个年轻、眼睛明亮、没有戒备之心的研究者时，我曾经独自在那个地堡里度过了很多夜晚。如果这样一条蛇选择在那时光顾，我肯定已经屈服于那不可避免的命运了。不过，我没有想到这些，我主要担忧现在，担忧我觉得我对他人的安全所肩负的责任。

我们必须对那条蛇采取措施，但杀死它不是我愿意选择的一个方式。我丈夫蒂姆的感受不同，他已经在两年前把一条黑树眼镜蛇从营地里清理了出去。当时，感到困惑的管理员们奇怪于我们为什么不杀死它。约翰尼斯解释说，他已经给地堡开口里放了一根树枝，把树枝一直伸到了里面的地板，意图让眼镜蛇自行离开。他追着蛇在沙土上留下的踪迹，追到了水泵那里。它现在应该栖身于水泵周围的那个石碓里，距离营地有 60 米。我可以容忍这样的情况。但是，如果大象的数量像报告所显示的那样高，那么控制流向水坑的水流就有可能成为一项挑战。不用说，在接下来的一天半时间里，蒂姆和我在温得和克探讨了地堡、营地的防蛇措施。

虽然有眼镜蛇带来的不便，但当我抵达一座已经建好的野营地时，我感到的那种轻松和满意还是难以言表，因为多年以来，我们必须在夜幕降落之前构筑好防御带，以确保我们不会遭到狮子的袭击。我们在中午停了下来，仅有的不便是温度炙热和一群臭虫。臭虫的数量之多让车辆几乎难以通行，有很多臭虫不可避免地被压烂了。建立营地的挑战本来已经不少了，那种恶臭又使挑战增加了一些。

我们花数个小时，从车上卸下了食物、野营装备，以及我们从美国带来的其他装备和电子设备。此后，我们就开始收集这一季我们首次看到的雄性大象的数据。当我们抵达时，加里和基斯这两个当地居民在水坑边，此外还至少有 100 只斑马、50 多只长颈鹿，以及一对大羚羊。就像每年这个时候那样，加里依然没有处在发情期。这也许是受到发情时间安排上的主导权发生变化的影响，甚至有可能是因为受了伤。在我们见过的雄性大象里，只有加里在沟槽（象牙伸出的地方周围的皮肤）带伤的情况下露面几天就停止了发情。

在注视着我们朝营地驱车前行时，加里给我们摆了一个我们熟悉的卑躬屈膝的姿势。当我们回避它，谦卑地要求通行权时，它巨大的头和沙漏状的头盖骨阴森地冲我们伸了过来。

看到它让我感到激动，但我仍不确定这一季将如何进行，因为这个国家降下了那么多的雨。此外，在时光最好过的时候，加里并不是最爱群居的雄性大象，因此它的在场并不意味着我们可以像在干旱年份那样，看到状态最为活跃的雄性俱乐部。

过了一会儿，发情的冒烟儿趾高气扬地走了进来。它的鼻子来回摆动，就像一个巨大的章鱼的肢体。它把鼻子伸出去好长，然后又缩了回去，卷到鼻子上面和头上，仿佛它的鼻子拥有自己的头脑。它浮华的夸耀极其有效，赶跑了我此前从没见过的一头年长的雄性大象。它甚至给我们留了一个粪便样本，使我们这一季的激素采集迅速启动。建立一个粪便站现在显得非常紧迫，因为有一个发情雄性大象样本等着被处理。

随着厨房和地面那层的很多东西安排就绪，我们抽出空来，爬到了塔的第二层地板上，去喝这一季的第一杯日落饮料（在日落时喝的一种冷饮），去观看非洲的一轮巨大的红日沉入地平线。

左勾和它的家人来了，我的队员们第一次看到了野生大象。我心里隐隐觉得，雄性俱乐部已经过了它的全盛期。我无法回避的问题是，格雷格究竟是否还活着，它的缺席对它的团队可能意味着什么。

但是，在抵达营地的第二天，格雷格从西北方向走来了，所有担忧立刻烟消云散。当我看到两头大象的布满灰尘的灰色头颅从树木线那里出现时，我立即认出了格雷格独特的头盖骨。等它靠近时，我看到了它耳朵上泄露真相的缺口，以及从它左耳上垂下来的小片片。然后，我确定了跟着它的那头大象是蒂姆。蒂姆的左耳朵中间有标志性的月牙状豁口和洞。格雷格不仅还活着，并且看上去要健康多了，还有一名随从跟随。

过了一会儿，基斯出现在了同一条小径上。于是，我知道，格雷格的团队至少有一部分仍旧原封不动，即使现在已经呈现碎片化的趋势。基斯显然和蒂姆不睦，并且无论蒂姆如何试图用它的服从和从鼻子到嘴的问候表示对基斯更高等级的认可，基斯都无动于衷。基斯晃了晃脑袋，践踏了蒂姆顺从的示好。在离开的时候，格雷格给它们每个都轻轻地推了一下，试图让它们和好，但即使如此，基斯仍旧表示，它不想让蒂姆和它们在一起。

在它们离开的时候，格雷格和基斯走向西边，蒂姆走向了西南。蒂姆不停地回过头来看它们两个，似乎想改变方向，加入它们。但是，每当它这么做时，基斯就会停下来，回过头来狠狠地盯着它。结果，蒂姆只好独自行路，不敢冒险和王者目前最喜爱的下属争执。

在观察这一行为时，我意识到，我想当然地认为在大象知道它们被观察时，会按照一定的方式行动。雄性大象在揣测其他雄性大象的情绪方面堪称大师，它们能够一边面对另一个方向，一边回过头观察其他雄性大象。如果知道自己正被仔细打量，它们会展示特定的身体语言，例如回过头来，让一头跟着它们的大象知道，它们不想让它跟着。以发情大象的行为为例，也许能够很好地说明这一点。如果水坑边没有大象可以让它对它们展示，一头发情的雄性大象则很有可能不会展示（冒烟儿除外，它好像喜欢展示，无论有没有观众）。这种在没有别的大象的情况下对展示的厌恶也许显而易见，但在研究的确能够证实那并非偶然时，那总是有价值的。我也欣喜地发现，在圈养的大象中，这种行为也得到了证实。

当格雷格、基斯、蒂姆走到空地边缘时，雄性俱乐部的另一名成员戴夫出现在了东南方向。这一模式证实，尽管那些雄性大象就在周围，俱乐部的运转并不顺利。在干旱的年份里，雄性俱乐部是一个紧密的团体，其他成员通常会等待一个新伙伴抵达现场。然而，今天，格雷格和蒂姆进来，后面跟着恼怒的基斯。接下来，它们离开后，戴夫走了进来。等戴夫离开后，威利·尼尔森和卢克·斯凯沃克抵达了。在俱乐部紧密的情况下，这些雄性大象都会同时出现在水坑旁，用身体接触和温和的打斗活跃气氛，似乎又一起回到了过去的辉煌岁月。

当我注视着格雷格和基斯消失在地平线处的树木线里时，我知道我不能贪得无厌。格雷格还活着，那些雄性大象还在这里，至少一些重要成员还在这里。这一季的进展有望比我预计的有趣，不仅雄性俱乐部的那些家伙们回来了，天黑后涌入的家庭群体也源源不断，其间还来了一头犀牛和它一岁大的幼崽，来了定居的雌性狮子短尾巴的两个几乎成年的儿子，此时它们在炫耀各自的鬃毛。

在黑暗中，一只大耳狐发出了凄厉的叫声，而我想睡觉了。整整一天，我们都在观察雄性大象的活动，给营地架设用太阳能供电的电线。但是，要让研究的方方面面全面运转，还有大量组织工作要做。不过，明天将会是全新的一天，是有很多东西值得期待的一天。

我钻进了睡袋。在营地的周边，蟋蟀发出悦耳的唧唧声。那种声音让我回想起了我年轻时在新泽西度过的那些个夏天，只是这里要冷

两头比较年轻的雄性大象同时把鼻子伸进格雷格的嘴里，向他致意。

多了。虽然如此，眺望着正在下沉的南十字星座，受着一些经过营地向西北方向走去的狮子咆哮声的安慰，追忆着格雷格和它的雄性俱乐部，我在这个最新的夏季隐修处再次有了在家的感觉。我昏昏欲睡。数月以来，我紧咬的牙关第一次松开了。

王者归来

格雷格在 2011 季开始时回到了穆沙拉，恢复了
健康和地位，不过它鼻子底部那个洞却再也不
会闭合了。

随着 2011 季研究活动的展开，夜晚和白天的界限变得模糊。我稀里糊涂地醒来，发现温柔的夜色已经变成了红彤彤的朝霞，不由得有些羡慕狮子们那种慵懒的节奏。由于东边的灌木失火，天空中悬浮着雾霭。那宛如一堵灰蓝色墙的雾霭让我觉得，我正独自一人守望在一片古老的内陆海洋的边缘。

我的团队已经去了纳穆托尼，在那里冲淋浴，补充我们的水补给。我让他们走得比往常早了一些，为的是让他们及时在那些雄性大象出现时回来。我预计象群会在午后抵达。

我隔一段时间就会扫视一下地平线，尤其是西方和西北方，觉得格雷格和它的武装随时都有可能从灌木丛中出来。果然，一些灰色大象从灌木丛中出现，走上了西面的大象小径，就像一列移动的巨石。

在注视着六头陆地上最大的生物时，我很难把它们想成一个研究群体中的动物，而更愿意把它们想成一些独一无二的个体。我熟悉它们。它们是这片大地的主宰，比人类更有权掌控这方土地。然而，我依然是一个客观的科学家，不带感情色彩地做着记录，例如格雷格（目前在我们的雄性大象名录里是 22 号）位列等级结构第一，亚伯（19 号）位列第二，凯文（40 号）位列第三，依据的是观察到的雄象间冲突事件的结果。

在这里，雄性俱乐部的五个核心成员靠在一起。它们看上去非常像一个家庭，年轻的斯科蒂和坚强男孩走在前面，然后是戴夫、凯文、格雷格、亚伯。格雷格在凯文和亚伯之间。凯文和亚伯争吵了整整一季。格雷格一路推着凯文，好像预料到一旦它们抵达水边，某种情况就将不可避免地发生。

正如预料的那样，凯文果然把和善的亚伯推了出去。格雷格立即谴责凯文不守规矩，接着局面稳定下来。亚伯继续走向水坑，想洗个澡。格雷格靠近了坚强男孩，我很想知道坚强男孩来自哪个家庭，是什么样的经历促使它成了格雷格的亲密随从之一。

那天夜里，一轮半月在一片白茫茫的大地之上冉冉升起。虽然为了观察大象忙碌了一天，但我又一次很晚才睡。感觉天出奇的冷，让我不敢待在吊床上（我通常在每个人睡觉之后在那里写东西），而是进了帐篷，钻进睡袋。

我猫在睡袋里，靠着营地的泡沫椅子，准备写东西，突然听到一声很大的劈砍声或干呕声，就像一条狗在咳出一个毛团儿。我最初试图不去管它，因为我总算暖和了起来，但那种声音一再传来，不绝于耳。

我放下电脑，穿上羊毛袜，踮着脚尖走到塔的边缘，用夜视仪向下望去，看见一头志得意满的豪猪。只见它身上的刺竖了起来，一副恼火的样子。我听到的声音是那只豪猪晃动身体造成的。它要让身上中空的刺响起来，发出威胁。我环顾四周，寻找造成它不安的原因，但在雪白的空地上，除了那群在水坑边喝水的雄性大象，再无其他生命迹象。

在我看来，那只豪猪挑了一个存在问题的地点安置自身，因为那个地点正好处在东北方的大象小径上。我俯视小径，看见基斯已经离开水坑，径直朝着那只豪猪走去。基斯拍打着耳朵，发出"我们走"的咕噜声，轻轻地从我下面经过，空气似乎凝滞了。由于它离我很近，它的咕噜声让我感到胸中有一种轻微的、缓慢的跳动，而非一种听觉上的感受。

幸运的是，基斯没有走到那只豪猪跟前就停下了，等着它的同伴赶上来。于是，我再也不担心那只豪猪了，而是打开我的录音站，从录音机上抄录下咕噜声的时间，记下关于基斯的呼唤同伴行为的笔记。例如："耳朵的拍打通常和咕噜声重合"。我开始建立已知个体的个别的"我们走"叫声的目录，用作最后的回放研究。这一记录将让我能够判断俱乐部成员能否分辨其成员的"我们走"叫声和那些非俱乐部成员的叫声。

在接下来的一个小时里，我录下了一系列协同的"我们走"的咕噜。这些叫声在雄性俱乐部的大象中如此普遍，结果我常常不得不提醒自己，"我们走"的咕噜声此前在雄性大象研究中甚至从来没被记录过。我渴望与他人分享这一发现。多年以来，我已经注意到，我们在雌性大象中记录到的相同的"我们走"的互动咕噜也存在于联系紧密的雄性大象群体中，特别是在雄性俱乐部的成员中，尤其是在格雷格或其手下基斯在场的情况下。不仅如此，由于我的研究目标之一是证明紧密联系的雄性大象在离开时会进行这种互动的齐鸣，那么在证明雄性大象也像雌性大象那样展示仪式化的团结行为方面，我又前进了一步。

基斯又往前走了几步，致使那只豪猪蜷缩成了一个布满可怕的刺的球，基斯开始犹豫要不要继续前进。基斯并未在意它的同伴们没有回应它发出的集合呼声，因为停下来等同伴显然是一个避免靠近那个像针的好借口。基斯以自然界中被描述过的最低频率的声音（其次是蓝鲸），又咕噜了一声，大约有10赫兹（人类听力的极限约为20赫兹～30赫兹）。

第二次发声唤来了刚果·康纳。但是，水坑边的另外三头雄性大象没有显示出兴趣，让基斯和刚果·康纳把鼻子悬在长牙上，挨着塔和那只顽固的豪猪站着，仿佛在等其他大象喝完水并和它们一起离开。很显然，它们缺乏王者那样的权势，伙伴们就是要让它们等着。

刚果靠过去，把鼻子搭在了基斯的鼻子上。基斯右边的长牙上现在悬挂了两个鼻子，两个鼻子的底端互相缠绕在一起。基斯又咕噜了一声，同时拍打着耳朵。在召唤家人一起离开一个场所前往下一个场所时，一个雌性家长也会发出这样的叫声。这一次，基斯从其他雄性大象那里获得的回应要大得多，导致了一系列咕噜声，持续了差不多一分钟。在那三头大象中，有两头是最近才加入基斯的朋友圈的。它们的友谊也许是在基斯等待逐渐痊愈的王者重新获得足够的力量来恢复其在雄性俱乐部中的地位期间结成的。但是，如果等级结构届时要重组，基斯自己会在其中跌落到哪里是个大问题。

等到基斯、刚果以及它们的同伴抵达空地东北边缘时，午夜早已经过了。在大象离开之后，那只豪猪又蜷缩到了大象小径上，我则爬进了睡袋，去度过一个不断被狮子的吼叫和麦鸡的叫声打破的夜晚。

凌晨5点，一声悠长、低沉的雄性大象的咕噜声把我惊醒。然后，我听到滴滴答答的声音，知道是格雷格在喝水，水从它损坏的鼻子里洒了出来。我抬起头，看到水坑旁有两头雄性大象，一头站得靠西边一点，好像是在等另外一头。

　　我打开夜视仪，看见格雷格的确在喝水，基斯好像在等它，试图用"我们走"的咕噜叫它离开。基斯又咕噜一声，不仅拍打了耳朵，还在发声时张开了嘴。在基斯又咕噜了几声之后，格雷格停止喝水，跟着基斯出去了。在离开时，它们都咕噜着，拍打着耳朵。

　　我很高兴在离开之前能再见到格雷格一次。虽然在这一季里，它的宝座遭到了几个可怕的挑战者的挑战，但我相信它仍有资本，能够保持它在支配体系中的地位。考虑到它的伤情，这有点儿不可思议。我目睹过那么几次，格雷格不得不和排在第三位的凯文争执。它还能克制排在第二位的亚伯，甚至能保护亚伯免遭凯文明目张胆的霸凌。就像在过去的那些好日子里那样，格雷格挺身而出，高昂着头，绕着水坑前进，把凯文从最佳的饮水点推开，从而使亚伯回到它被篡夺的位置。即使身罹永久的残疾，格雷格仍在尽其所能地维持着和平。就我们所知，它也集合自己的部队。没错，至少是在不远的将来，它仍将是雄性俱乐部的王者。

夺
权

在雄性俱乐部的阁下缺失的情况下，查尔斯王
子软化了它的欺凌方法，地位提高了。

我们在和月亮赛跑，以便在 2012 年 7 月 3 日以前赶到穆沙拉，以免错过满月期的大象活动。我也不想错过哪怕任何一个观察格雷格的机会。虽然它的鼻子落下了永久残疾，但在我上次见到它时，它仍然勉强保持着雄性俱乐部里的最高位置。

在头四天里，我们搭建营地，给营地通电，检修设备，其间还有大象来访，非常忙碌。在此之后，我们的研究逐渐走上了正轨。然而，依然没有格雷格的迹象。就在等待它抵达时，我们进行了一些意料之外的活动，比如把一条 5 英尺（约 1.5 米）长、胖乎乎的好望角眼镜蛇从观察地堡里清理出去。很显然，我们上一季的防蛇措施没能阻挡一条新蛇的进入。蛇侵入后在一块暖和、隐蔽的水泥砖里做了窝，并且可以经常吃到老鼠。蒂姆和我套住它，沿公路驱车几公里，在一个隐蔽处把它放了。

就在那轮满月升起时，第一个大象家庭群体出现了。那天夜里，以及满月之后的那一整天，都有家庭群体到来。在水坑各处，有 100 多头大象。

在满月之后的第三天，当下弦月挨着观察塔在东方升起时，我再一次为格雷格深感忧虑。虽然它的俱乐部的一些核心成员来访过，但它仍然没有出现。

　　第一天，当我们抵达时，查尔斯王子已经在水坑边了。第二天傍午，格雷格的克星冒烟儿也来了，发情期的表现显露无余。在它大摇大摆地进来时，它的鼻子左右晃荡。它还用鼻子把沙土扬到头上，制造了一场沙雨。最让我揪心的是，我看到亚伯进来了，格雷格不在它身边。

　　2011 年，格雷格和亚伯形影不离。只是在 2008 年，它们出于选择，才没有在一起。当时，那个极端湿润的年份导致雄性俱乐部分裂，而它们不知出于什么原因产生了争执，格雷格一看见亚伯在空地的边缘，就会跺脚。第二年，它们又在一定程度上和解了，再次形影不离。2010 年，在鼻子受伤后，格雷格不愿接受它的同辈的陪伴，其中包括亚伯，它们的关系再一次紧张了。

　　第五天，大象来往频繁，但格雷格仍无影无踪。那天，卢克和威利率先从北边过来，接着整整一天大象活动不断，雄性俱乐部的一些核心成员也来了。就在威利和卢克离开时，基斯出现了。紧接着，查尔斯王子和泰勒以及一个小分队从西边过来，加里、耀西和另外两头年轻大象从南边过来。

　　等到我去睡觉时，查尔斯王子又和几个下属回来喝水，很吵闹。就在我试图打瞌睡时，我听到了一连串柔和的"我们走"的咕噜声。过了一会儿，起风了。我怀疑，我是不是漏掉了查尔斯王子的一些情况。我一向觉得它就是个暴徒，没兴趣率领下一代在一个成年雄性大象的世界里寻找一个家。如果格雷格想从等级结构的最高处下来，或被迫下来，查尔斯王子有实力代替它吗？我一向认为，接替格雷格的应该是一个脾气更加温和的雄性大象，比如积极有为的基斯或干瘦的亚伯。当查尔斯王子缓慢的咕噜声充斥在我的头脑里时，我觉得有必要弄清楚这一点。

　　我们入驻营地的第八天，风一直在呼啸。此前的两个晚上非常寒冷，前一天晚上还下了一场阵雨。当亚伯第二次没和格雷格一起进来时，我感到非常失望，不得不接受这也许就是这一季的模式。由于亚伯不是一个独行侠，它独自出现就显得有点奇怪了。

　　安多尼平原最近发生了一场火，那是公园管理员为了实施一次控制焚毁而点燃的。这场火也许影响了雄性俱乐部。格雷格也许被困在了火的西边，正在沿着盆地边缘向南行走，回到那片沙草原，然后向北回到穆沙拉。反正我是这么想的，我不希望 2012 季标志着格雷格时代的终结。但是，随着我们的田野季早就进入了第二个星期，我开始担心会出现最糟糕的情况。格雷格也许再也不会和我们在一起了。

　　我甚至不想写下这些话，但格雷格以前从没这么久没现身过。我又坚持了几天，希望只是因为那场火困住了它，只是这种希望越来越渺茫。不过，我的科学家本性已经在问那个不可避免的问题：它的消失是不是意味着雄性俱乐部的终结，别的雄性大象有没有资本取代它？或者，亚伯会不会成为新的王者？虽然身处第二位，又显然受到了年轻雄性大象的好感，但亚伯好像没有兴趣保护它们。

　　格雷格拥有一种特殊的东西，即攻击性和温情的适当平衡，来保持它的大象武装的团结。虽然有些担心，但我还没有放弃格雷格。原因之一是，我们在自动相机数据里发现了它的照片。我们的相机在白天每 15 分钟拍一次照片，持续全年。格雷格 1 月份和 3 月份在穆沙拉。这两个月的照片都显示，它很健康，并且因为处在发情期而比较兴奋。这说明它非常健康，健康得足以进入发情状态。由于一头大象维持发情要耗费大量能量，这是一种极好的迹象，让我更有理由相信格雷格在别的某个地方，只是出于某种原因没有回到穆沙拉。

　　与此同时，在它们的王者不在的情况下，观察一下查尔斯王子和卢克·斯凯沃克这两个霸凌者率领两派雄性俱乐部成员，也是很有趣的。让我感到意外的是，虽然它们两个当属俱乐部里最大的暴徒，但成了这些分裂团体的头头似乎在一定程度上改变了它们的脾气。尤其是卢克，它似乎对下属比较宽容了，除了好打架的斯宾塞。卢克根本不会让斯宾塞靠近自己，而在卢克掌权的情况下，斯宾塞也不敢靠近水槽头。但是，卢克对其他年轻成员比较宽容，允许它们和它共享首要饮水点，允许它们奉承它，把鼻子放在它的长牙上，多次对它致以从鼻子到嘴的问候。

　　我发现自己想知道，与在格雷格统治之下相比，团体的分裂是否有可能让一些年轻的雄性大象更早地进入发情期。没过多久，我的想法就被证实了。正如它在 2008 年那样，个子不大的小东西奥兹再一次显示了睾丸激素激增的迹象。那当然是在雄性俱乐部因为雨量充沛而暂时分裂时发生的。由于雨量充沛，食物和水充足，它没有理由向穆沙拉的王者俯首称臣了。

　　现在，在没有王者的情况下，奥兹又回到了发情期，惹是生非，在它充满睾丸激素、青春期的辉煌里昂首阔步，厚颜无耻地暴露它的意图。可怜的蒂姆碰巧进来喝水，首先遭到了发情风暴的冲击。小奥兹像抢套索一样抢起鼻子，追着蒂姆出了空地。

　　接着出现的 1/4 大小的雄性大象斯波克和 3/4 大小的斯宾塞，是从西南方向进入的。奥兹对斯波克视而不见，而是向斯宾塞走了过去。斯宾塞最初想对抗这个意料之外的对手，昂起头，伸直耳朵，但紧接着就改变了主意。于是，追逐开始了。

奥兹追着斯宾塞，绕着营地转了两圈，又绕着空地追，直到查尔斯王子抵达现场，使局面进一步升级。奥兹占了水槽头的位置，开始了一连串夸张的发情表演。斯宾塞和斯波克则站在水坑的另一侧，远远地看着。这时候，奥兹纵情地撒起尿来。它一边摇晃头，把耳朵甩得啪啪响，一边把鼻子卷过额头。查尔斯王子犹犹豫豫，不知道要不要进入空地，显然怀疑出事了。我认为，它从站的地方能嗅到奥兹的发情气味，就像我在塔上能嗅到那样。

但是，查尔斯王子难道不会担心发情的奥兹威胁自己的地位，甚至因此像奥兹那样睾丸激素激增吗？我们已经知道，蒂姆和斯宾塞会屈服于压力，但对于查尔斯王子那样的雄性大象来说，一个半大的雄性大象有可能被认为是一种威胁吗？然而，查尔斯的确显得有些担忧。它没有像往常那样，沿着西北大象小径径直进入，而是离开了小径，向西边走，拐了一个弯，绕过那个发情的危险家伙，向水坑走去。

但是，正在表演的奥兹看到这种行为，决定走过去，会会它的下一个竞争者。我确信冲突不会发生，因为只要查尔斯王子冲一个对手抬起头，冲突通常就会结束。可以说，一瞥搞定一切。但是，这一次不是这样。

奥兹向查尔斯王子走了过去。它折叠着耳朵，头抬得几乎是它身高的二倍，尖利的长牙准备投入战斗。查尔斯王子做了同样的动作。然而，当它大得多的个头好像根本吓不住这个小魔鬼时，它改变了战术。它试图伸出鼻子缠住奥兹的鼻子，好像是在暗示，如果奥兹让步，双方都不会受到伤害。

但是，这种方法显然也不起作用。于是，查尔斯王子决定采取我

奥兹在过早的年龄发情，在争斗中击败了个头比它大一倍的查尔斯王子，展示了睾丸激素的魔力。

以前见过的格雷格采取的战术，也就是用头奋力一击。如果查尔斯王子恼了，那么它简直就是一台高速运转的蒸汽机，能够干掉那里的任何雄性大象，只有几个年长者能够幸免，例如亚伯和迈克，以及就像我们今天前经历的那样，贝克汉姆。

　　但是，奥兹也恼了，并且处在睾丸激素充裕的状态，似乎不计后果。它承受下那一击，并且做了同样的回击。让我们感到意外的，它们的互动以一场追逐收场。查尔斯王子落荒而逃，逃出了空地，那个小魔鬼则穷追不舍。由于可以支配灌木，奥兹把一棵金合欢灌木编入了它的表演，撕扯那棵灌木，好像要撸起袖子再干一场。

如果奥兹的年龄是它当时的二倍，这一切就显得正常了。但是，它太小了，根本无法成为一个在正常情况下交配的竞争者。在王者不再掌舵、经过改革的等级结构中，也许这个小家伙能够不被注意地跨越一些东西，而在通常情况下，这样一种僭越会因为比较年长、更具有支配力的雄性大象的在场而遭到压制。

夜里 10 点，我听到大象巨大的脚轻轻走过营地的声音。我打开夜视仪，看到查尔斯王子终于鼓足勇气进来了，想安宁地喝上早就盼望喝的水。在此之前的夜里，大象一直来来往往，非常频繁。我们头顶一轮满月，大象的数量也相应增加。在钻进睡袋时，我聆听着王子喝水，以及三只鬣狗击打的声音。它们在大步追着一只跳羚，希望能吃一顿夜宵。

当我终于准备关上夜视仪，把头放在枕头上时，午夜已经过去了 20 分钟。寒风刺骨，我感到冷，想舒适一些。我渴望把背伸出来，看一会儿月亮。

我把相机安装在了一个定时器上，以便在黎明时分拍摄延时照片，希望母狮短尾巴和它的群体届时能够进入空地嬉戏，而不是像过去几个晚上那样，在水坑的周边吼叫。我把头放下去，期盼着相机的咔嚓声。相机将在凌晨 5 点 45 分开始拍摄。

在昏昏欲睡时，我试图平静地看待一个时代的逝去，即格雷格王者地位的完结。但是，我不希望那是格雷格自己的逝去。我还不甘心接受这样一种可能性成为现实。

第二天，我醒来时又感到些许不安，开始为离开穆沙拉而焦虑。我不想面对那一天，但我不得不预先安排需要做的事情，因为我们再

我检测、录制大象的发声，从傍晚直到夜里。对于声音和震动传播来说，这一段时间的条件最佳。

有不到一个星期就要离开了。由于一如既往地缺乏预算，研究团队里只剩下了我们五个人，以及不大的车辆空间，所以正确地做出安排就变得极为关键了。我们需要收拾营地，去掉电围栏，把太阳能电池板和博马布取下来，把所有东西都装到一个拖车上，运到我们在生态研究所的储存空间里。研究所在穆沙拉的西南方向。鉴于我们的车辆满满当当，我们的路程需要花费三个小时。

　　因为来了一个史密斯学会纪录片团队，这一季极其忙碌，营地里有很多额外工作要做。有人也许会认为，迄今为止，我一直盼着生活发生变化。但是，我没有。我没有离开水坑，而是再次来到这里寻找格雷格的迹象，并且看到了安多尼大火的火势。此外，我还在这里忙于观察白天和黑夜的大象的活动，不希望这一季结束。

我计划派学生们去研究所，在那里烘干他们的粪便样本，以便筛分，为送往美国做激素分析做好准备。他们已经带走了第一车装备，而那将开启打包的浪潮。

但是，为了记录我们的研究活动，纪录片团队仍有一些需要执行的拍摄任务；我们也有一些问题没有得到解答，希望能在离开之前解答它们。我们的第一个问题显而易见，那就是格雷格在哪儿。现在，我已经相信它这一季根本不会现身，但我无论如何想知道，它遭遇了什么。我们的第二个问题是，如果格雷格不回来，那么在没有王者的情况下，这个紧密的雄性大象群体将如何运行。如果进行改组，那么那种等级结构将怎样改组，哪头雄性大象将填补顶端的空白？

在我们在营地度过的最后几晚之一，我借着月光看到，基斯以搜索模式回来了。它咕噜着，不停改变方向，然后又咕噜着，把鼻子放在了地上。它待了近两个小时。在此期间，亚伯也过来了。当它和亚伯离开时，都先是咕噜一会儿，然后一动不动，接着又咕噜起来。它们的叫声比正常情况长了几秒钟，也更为频繁。它们是在为格雷格守夜吗？

当亚伯往前走时，基斯落在了后面。它又回来喝了一次水，然后开始咕噜，一动不动，又开始咕噜，一动不动，向南边走去。从它们的搜索行为的模式来看，它们好像也不清楚格雷格在哪儿，和我们差不多。但是，它们在搜索。这一事实让我觉得，它们比我们知道的情况多，也许格雷格仍活在别处的某个地方。

王室

在傍晚的阳光里，一个庞大的家庭群体在贪婪
地喝着水。

　　一声巨吼打破了夜的寂静。我正在观察塔的三层，眼睛立即睁开了。这不是一头被妈妈教训的年轻雄性大象发出的那种典型的叫声。没有很大的扭打声，没有水从饥渴的鼻子里溅出来的声音。如果一个大象家庭在凌晨来喝水，通常会发出这样的声音。

　　我翻了个身，够到了枕头边的夜视仪，在我隐匿处下面方 20 英尺（约 6 米）的水坑区域努力搜索。让我感到意外的是，那里只有四头大象。对于我们已经观察过的任何一个扩大的大象家庭来说，这个数字都太少了。就在我更加仔细地观察时，最老的那头雌性大象赶走了其他大象，眼睛盯着水槽。通过仔细的观察，我发现它的左牙已经脱落，左耳上有个 W 形的缺口，不借助月光几乎看不到，而月亮几个小时前就已经落下了。

　　那是来自演员家庭的怀诺纳。我还能看清它的同伴分别是它的女儿，它女儿 1/4 大的幼崽，以及它自己半大的幼崽。但是，它为什么没和其他家庭成员在一起呢？

　　在我观察怀诺纳的时候，我发现显然出了状况。它走向水槽，鼻子扫着水，显得心烦意乱。然后，那场骚动的解释突然冒出了头来，怀诺纳从水里给家人拖出了一个湿漉漉的、最新的成员。怀诺纳生了一个新宝贝儿。

怀诺纳自这一季开始时看上去就怀孕很久了，但我没想到，我们居然那么幸运，在我们最喜爱的雌性大象之一分娩时仍在科考场地。它分娩时，距离它的家庭上一次来访有 24 小时~48 小时。20 年来，每到夏天，我都会来纳米比亚埃托沙国家公园的这个水坑研究大象，但我们从没在穆沙拉目睹过一次分娩。我觉得水坑周边的空地太空旷，新出生的幼崽容易在这里遭到捕食。无论是什么原因，我们看到的新出生幼崽通常需要几天才能站稳。

怀诺纳很可能是孤独的，因为它跟不上它家庭的其他成员。但是，它也是幸运的，在分娩时有它直系的核心家庭成员和它在一起。但是，另外一种可能性也符合我在这一季里构建的一个假说：怀诺纳也许是故意拉开了它和它家庭的距离，目的是保护它的幼崽。你也许会认为，一个脆弱的大象幼崽会受到每个家庭成员的呵护，比如小心照料的妈妈，警惕的姑姑和阿姨，喜爱嬉戏的兄弟姐妹和堂兄弟姐妹。但是，要不了多久你就会发现，情况显然并非如此。

我在穆沙拉研究大象多年，首先是从 1992 年开始为纳米比亚政府工作，之后是作为戴维斯加利福尼亚大学的博士生，然后是我在斯坦福工作的那 15 年。在所有这些年里，我从没见过大象社会中有比高等级大象对大象家庭群体内部的从属雌性做出的更具有攻击性的大象行为。

大象家庭群体是母系的。在穆沙拉地区，这些群体通常由 15 个个体构成，但最多可达 30 个。在非洲别的地方，例如在肯尼亚的安波塞利，家庭群体最少 2 个，最多 20 个。一般情况下，女儿、年轻的姐妹、堂姐妹会互相帮助养育幼崽。这是一种亲族选择，意味着通

大妈咪和南蒂跪下来，营救落入水槽的一个幼象。营救策略有所变化，取决于等级、关系和经验。

过帮助保护携带相似基因的幼崽，让更多的家庭基因被传递给下一代。

关于雌性大象中的支配情况是这样被描述的：最老的、最聪明的雌性决定安全、资源获取、何时去哪里等问题。当多个家庭群体一起出现时，在这一特殊环境、境况中的家庭间排位直接关系着谁将获取最新鲜的饮水。

根据其他研究者的描述，在自然界里，家庭中的等级顺序与年龄（或个头）有关，而非与家族关系或遗传关系有关。在穆沙拉，我们开始怀疑，较低的地位和年龄的联系也许没有和血统的联系大，血统不仅影响个体的大象，也影响它们的后代。

这让我怀疑，相反的情况有可能是真实的吗？较高的地位有可能是遗传的，从而建立起一种所谓的"王室"？由于其他研究者已经证明，年龄第二大的大象继承家长地位，那么有理由认为，家庭中其他个体的等级也会是以年龄为基础的。但是，至少有一项研究显示，关系群体（由扩大的家庭构成）中存在高等级的家庭，暗示这些群体中可能存在一种血统传承或一种"女王"特质。

也许，埃托沙国家公园资源有限的环境给大象造成了极端的压力，导致它们的支配互动不同于水草丰美的地方。

生活在"裂变－聚变"社会中的雌性大象的暗示是，裂变的动态（把它们分开的力）是被动的；在一定程度上，一起觅食、生存的大象的理想数量（聚变部分）是由家庭的一种自然过程决定的。直系家庭变得够大，扩大的家庭的联系逐渐变得松散，个体关系越来越疏远（裂变部分）。

我现在开始相信，群体分裂的动态有可能是一个主动过程，很可能遵循了雌性家长的直系血统。在此情况下，只有等级最高者或"女王"，以及它的直系后裔才可以随意控制水坑周边的宫廷，其他大象则被赶走，也许被迫开启它们自己的分裂群体。由于这一假说与传统观点不符，我需要确保我正确地判断了我目击到的状况。

举个例子，我观察到排第二位的（并且也怀孕的）苏珊具有攻击性地把怀诺纳从水坑边推开。那是在两天前，怀诺纳分娩前那个家庭最后一次进来喝水。怀诺纳似乎没有激起这样的霸凌。虽然怀诺纳退却了，苏珊娜仍用鼻子甩了它的臀部。从肩膀高度和背部长度（与年龄有关）来判断，苏珊娜比怀诺纳年长。这符合目前就雌性大象中与年龄有关的支配所做的研究。但是，在这里，起作用的还有一些微妙的情况。

我并非完全不熟悉怀诺纳的地位。我自 2005 季起就一直在监测它的等级和糟糕的待遇，并且没有办法理解好像整个家庭都合伙欺负它的深层原因。这一季，雨季提前了，这一地区变干因而比正常年份早得多。由于可获取的水非常少，大象家庭好像不仅在和其他家庭竞争水源，家庭成员之间也是如此。

格丽塔也是演员家庭内的一头低等级雌性大象，它和它新出生的幼崽格劳乔也遭遇了相似的待遇。关于这种待遇，最引人瞩目的是运动员家庭的波拉和它的幼崽布鲁斯的情况。其他大象，无论个头大小，都避开、霸凌它们。这再一次清晰地表明，不仅低等级的雌性大象被边缘化，它们的幼崽也是如此。

这种边缘化与武士家庭群体中高等级雌性大象的幼崽的待遇形成了鲜明的对比。在我们的研究群体中，武士家庭目前是最具有支配力的家庭。我曾经看到来自那一家庭不同等级的三个幼崽一起在水坑里嬉戏。反之，另外两个家庭的低等级雌性大象的幼崽则遭到了高等级雌性大象及其幼崽的排斥。我还目睹过高等级雌性大象群体通力合作，以拯救一个落入水槽的高等级幼崽。

在另外一个例子中，为了帮助运动员家庭一个缺乏经验但等级很高的妈妈，雌性家长米娅跪下来，把鼻子放在一个幼崽的两条小后腿之间，把它拖了出来。危机解除了，一个大象小分队聚在一起，来安慰那个小东西，而波拉和它的幼崽则站在一边。

我想知道，如果是波拉低等级的幼崽落入了水槽，会发生什么情况。整个家庭会聚在一起施救，还是会向后退，冷眼旁观波拉自己应对危机？

在其他社会性动物中，直系血亲群体内的联盟被认为有利于和低等级的、可能与雌性家长关系不近的个体进行竞争。大象也会是这种情况吗？

关于这种针对家庭成员的攻击性行为，必须有个解释。在非洲其他地方，偷猎已经造成家庭结构的瓦解，不相干的雌性大象结成了临时的群体，我们在穆沙拉目睹到的敌对行为也许也是出于这个原因。但是，埃托沙国家公园里的大象很幸运，没有遭遇过这样的事情。我们也有照片证实，至少在过去八年里，波拉和怀诺纳和它们的家庭在一起。这证明，它们并非最近迁徙过来的、不受欢迎的移民。患病的大象也可能会遭到它的家庭的排斥。但是，波拉、怀诺纳、格丽塔这三头雌性大象和它们的幼崽不可能都患病。

让我印象深刻的是，高等级雌性大象花了大量精力来给低等级雌性大象保暖。至于参与这种活动的个体之间的协作，就更不用提了。也许，最佳觅食和适者生存的概念在这里起了作用。也许，团体规模必须维持一定的数量，才能把高等级雌性大象及其幼崽的觅食机会最优化，从而让它们能够确保下一代的生存条件。

同样合乎情理的是，关于在一定程度上抵御食肉动物方面，随着群体规模的扩大，个体雌性的适应性也将增加（所谓的集合经济）。然而，在找到足够的食物方面，尤其是在干旱年份，到了一定程度，较大的群体规模将会出现问题。这三个家庭（演员、运动员、武士）的雌性家长之所以排斥低等级的家庭成员，也许是为了迫使它们脱离群体，以保存高等级的、也许关系最近的个体的利益，即使这在短期内需要花精力持续对抗下属和它们的儿女。或者，这种协同努力也有可能是为了把低等级雌性大象的繁殖降至最低或防止它们繁殖。

通过尽可能多地收集来自个体和家庭群体的样本，我希望整理出一个扩大的家庭的谱系，要么支持我的假说，要么进一步使我的假说复杂化。但是，重构那一家庭谱系的过程需要时间，至少还要再花数年时间，才能完成数据收集，开展所需的分析。至于目前，在我面前的只有行为，我只有尽我所能地记录它。

随着这一季在 8 月初逐渐结束，风刮得开始猛了。埃托沙盆地尘烟滚滚，连天空都变成了白色。巨大的尘旋风在营地周围旋转。微型的龙卷风从我们的观察塔呼啸而过，大象粪便和干黄的草被卷了起来。

在这一季里，波拉被运动员家庭持续排斥的结果开始显现。不仅波拉显得筋疲力尽，就连它的幼崽布鲁斯也是如此。几天前，它们又一次抵达了水坑。就像这个家庭通常的情况那样，它们飞奔而来，急于喝水。但是，这一次，它们对首先凉快下来更感兴趣，然后才走向水坑喝水。当其他大象在喝新鲜的水时，波拉往往被迫在水坑里喝水。这一次，它又被另外一头成年雌性大象推出了水坑。布鲁斯让自己凉快下来的过程也受到了干扰。

在 10 分钟的时间内，我看到波拉被另外三头雌性大象推开，并且这一切都是在家长米娅的警惕注视下进行的。只要波拉距离群体太近，米娅就会用鼻子抽它。其他母象也联合起来排斥布鲁斯。当我看到一头青春期前雄性大象猛击布鲁斯时，我深刻意识到小布鲁斯的处境究竟有多糟糕。

最让人忐忑不安的是，布鲁斯似乎正在失去活力。当母亲试图用自己的脚把它推起来时，它甚至拒绝起来。更糟糕的是，它不吃奶。正是在那时，我才注意到波拉的乳腺比其他正在分泌奶水的雌性大象要小得多，似乎遭排斥的压力导致它停止了分泌奶水。有没有可能，低等级的母兽受的压力较大，因而幼崽存活率较低？如果是这样，激素抑制就真的有可能是雌性大象等级结构中的一个因素。

一些大象研究者已经证明，一些家庭在干旱时期生育的幼崽比其他家庭多，显然是因为在发现罕有资源方面，较年长的个体拥有更好的知识储备。其他研究者的研究也证明，支配力较强的家庭可以获取更好的食物。如果支配力较强的家庭吃得较好，那么不难理解，它们也可能拥有总体上更高的繁殖适应性。但是，在同一家庭的雌性之间，这一点是怎样进行的呢？年龄相似的雌性是否拥有平均数量相同的幼崽？或者，关系比较疏远的家庭成员是否降低了繁殖适应性？虽然其他大象研究者已经暗示，支配等级并非雌性繁殖适应性的一个预测指标，但我考虑，在这样一个干旱的环境中，是否需要重新审视这个问题。

在自然界的其他地方，也经常发现有生殖抑制现象，要么通过内分泌机制，要么通过行为机制，要么二者兼具，尤其是在狒狒、山魈、狨猴等灵长类动物中，但也见于野狗、侏獴以及别的众多社会物种中。虽然还没有人描述过大象中有繁殖抑制，但也许至少在艰难时期，我研究的群体中占支配地位的雌性大象以及它们的直系血亲表现出了对和女王关系疏远的家庭成员的不宽容。

几小时后，当爬进睡袋时，我担心布鲁斯怎样才能度过这一晚。波拉能够保护它越来越脆弱的幼崽免于捕食者的伤害吗？虽然受到了糟糕的待遇，但波拉显然不会冒险和这样一个小家伙独自离开。虽然这种霸凌让我难以直视，但我明白，我将很有可能目睹大象家庭的一次自然裂变。如果那不是一次主动的裂变，就有可能是由于高等级压制低等级的个体，使低等象的儿女难以生存造成的。

凌晨

凌晨时分与刚果的偶遇。

　　就在我担心布鲁斯的那一夜的晚些时候，大象的来去又变得频繁起来。基斯和亚伯一起来了，后来查尔斯王子、泰勒、发情的迈克也来了。基斯先和迈克进行了一场非常亲切的打斗，然后才去喝水。比起前一天，这一场面要和平多了。当它们抵达时，贝克汉姆试图控制住不安分的查尔斯王子，因为后者伺机报复蒂姆、基斯、威利等常客，它先是对蒂姆不服从地折叠起耳朵，然后对基斯，接着是对威利。查尔斯王子不仅把基斯挤到一边，还一路追到了水坑，意图很明显，就是不想让基斯在那里。

　　多年以来，查尔斯王子的行径一直都这么野蛮。我们把对它的行为的累计评分输入了一个数据记录仪，使我能够做出预测。它一直是头具有攻击性的雄性大象，但近来它也开始更多地关注年轻的雄性大象，而它以前从没这么做过。然而，尽管格雷格一向对强硬的家伙强硬，对年轻的雄性大象比较温和，但查尔斯王子从来没有展现过一种相似的特质。

　　也许，这可以解释贝克汉姆为什么持续密切盯着查尔斯王子，并且只要查尔斯王子试图和它分享水槽头，它就会轻易地把查尔斯王子挤走。这也许是因为，有时候不值得给向上移动的家伙留下任何空隙。这也可能是因为，要想得到地位高者的垂青，下一个王者将不得不表示服从。但是，关于贝克汉姆，引人注目的是，它好像继续着霸凌行为。只有格雷格曾经对排位第三的凯文做过这种事情，因为凯文霸凌了亚伯。这让我怀疑贝克汉姆成为王者的可能性有多大，但我觉得，只有在经过很多争斗之后，下一位王者才会出现。

前一天，我们正好处在这些事故最激烈的时刻。当时，水坑边有13头雄性大象。地面摄影师的拍摄角度很低，为的是拍下整个过程。我则坐在安装在汽车乘客门上的摄像机托架上，因为导演要在我们车辆的乘客座录制我的评论。贝克汉姆用长牙戳了一下蒂姆，蒂姆在撤退中不得不努力避开车辆，结果出了一点儿小麻烦。但是，令人印象最为深刻的是贝克汉姆的离开。在离开之前，贝克汉姆把鼻子放了车篷上，并且瞅了我们好一会儿。如果有必要的话，我打算猛敲车顶，制造噪声，但我不愿意这么做，因为惊吓有可能导致它发动攻击。我一直观察着它鼻子里的肌肉，等着可能出现的紧张事态，但当它厌倦了我们时，它只是垂下了沉重的鼻子，慢悠悠地向北走去，查尔斯王子跟在后面。仰望着贝克汉姆硕大头和松松垮垮的鼻子，不禁让人心生畏惧。没错，如果它想，它能压扁车辆，但它似乎只是想让我们感到恐惧。

午夜之后不久，我准备睡觉。冷风刺骨，并且不会止息，但我想再观赏一会儿月亮。冒烟儿已经回来，把鼻子卷到了脸上，似乎依旧被奥兹几天前留下的、逗留不去的发情气味搞得焦躁不安。冒烟儿走的正是奥兹绕着水坑追斯宾塞和查尔斯王子时走过的小径。一头发情的年轻雄性大象的气味，或至少奥兹的气味，肯定有非常特殊的地方，因为冒烟儿以前从来没有因为迈克、贝克汉姆等成年发情雄性大象的所在而真的烦恼过。

也许，奥兹发情有点新奇，于是引起了它的注意。或者，奥兹的睾丸激素水平过高，这才引起了冒烟儿的注意，正如一条年轻的蛇还不懂得控制，所以喷射的毒液会远远超过一条成年的蛇。我现在终于有了奥兹的几个粪便样本，希望看看与冒烟儿、迈克等成年的发情大象相比，它的睾丸激素水平究竟怎样。

关于在年长的雄性大象不在的情况下发情的年轻雄性大象，以前的研究并没有报告过高得反常的激素水平，但某种东西肯定引发了我们定居的发情之王冒烟儿的担忧。我决心彻底了解冒烟儿不安的缘由，尤其是在奥兹正式推翻查尔斯王子之后。

在我们离开之前的那个晚上，我听到了一只胡狼发出的报警呼叫。这声呼叫提醒穆沙拉的所有居民，短尾巴和它的狮群在东边。这不仅会增加早上整理打包的困难，也会让我们难以选定卷起营地周边的博马布的时间，因为电围栏在前一天下午已经被拆除了。如果我们过早地卷起博马布，我们将会让自己暴露在觅食的狮子面前，剩下的打包工作也会困难和危险得多。幸运的是，等我们醒来并吃早餐时，狮子已经离开，使我们可以毫不耽搁地继续最后的营地拆卸和博马布移除工作。

在经过两天极其艰难的打包、一个拖车挂钩断裂、爆胎、深陷沙土之后，我们终于在曝时大门关闭之前，及时抵达了奥考奎约。当我们终于把全部装备放进储藏室并锁上门时，我们都放松地垂下了肩膀。我们终于完成了今年的任务。

在享受过五个星期里第一次真正的热水淋浴后，我坐在奥考奎约水坑旁，舒展着酸痛的背。打包的紧张已经让我心力交瘁。我观看着百余只跳羚涌入水中，此外还有一个大羚羊家庭、一些斑马、一些角马，它们都是来这个世界级的水坑喝中午饮料的。看着它们，我的疲惫慢慢缓解了。

很难想象，自从我第一次坐在这个长椅上以来，已经过去了二十多个年头。也很难想象，多年以来，我能和那些在穆沙拉定居的大象一起度过夏天，是多么幸运。现在，有了我最近目睹到的开端，我更加期待下一个考察季。我渴望看到，随着怀诺纳的幼崽莉莎步入世界，它将面对什么样的未来。

虽然这些年来，在 7 月份出生的幼崽不少，但我特别喜爱这头幼崽。多年以来，我目睹了它母亲的社会脆弱性。我知道它是何时出生的，观察了它迈出的最初几步和失足——有几次失足让它落入了水槽。我观察了怀诺纳对家庭新添的这个小家伙的谨慎和关爱。我还有幸目睹了怀诺纳谨慎地将小莉莎介绍给那个扩大的家庭的一部分成员，注视着其他很多年轻的大象走过去，伸出鼻子欢迎它。

虽然我只是这一大象世界的旁观者，什么也做不了，但正是这些时刻让我觉得自己有权了解它们的生活。莉莎的出生让我觉得和这个地方更加难解难分。

我看到了怀诺纳与它的群体重聚，见证了布鲁斯（波拉的幼崽）从其他年轻大象那里获得亲切的抚慰，怀着希望离开了穆沙拉。虽然仍处在运动员家庭的边缘，但这些友好表示让布鲁斯有机会融入社会，无论这一过程有多么复杂得难以操控。布鲁斯复杂的状况让我十分好奇一头年轻的雄性大象在一个家庭内部究竟怎样生存，以及等级和经历对它在未来获取社会机会将产生什么样的影响。也许布鲁斯会万事如意，因为年轻雄性大象将面对的政治生活可能比它的雌性长辈的政治生活更加宽容。

家庭政治

在生育率高的年份里，在把成年的雄性大象赶
出家庭方面，母亲（左）更具有攻击性。

　　下午 3 点 30 分，宵月当空，空地西南边缘突然腾起一阵烟尘。一头年轻的雄性大象从茂密的灌木林中出现了。它摆动着头、身体、鼻子，匆匆地跑了进来，急于喝水。紧接着，三个不同的大象家庭的成员耸着肩膀，从三条平坦的西南小径中的两条一拥而入，都想第一个抵达水坑。2013 季已经彻底让我手忙脚乱。我匆匆忙忙，试图理解各家庭内部以及各家庭之间目前的政治状况。

　　在一些时刻里，位置由以前既得的优势决定。演员家庭被驱逐到了通向水坑的一条小径，而裂耳朵家庭（现在被视为女神）走向了水槽头，也就是最受喜欢的饮水点。这就是地位的证明。后来，运动员家庭飞奔而来，把裂耳朵家庭赶到了水坑里；演员家庭则被赶到了一个灌木丛里，等着它们喝水的机会。就表面情况看，谁也不想被长牙戳或被鼻子甩。于是，支配力较差的家庭屈服了，绝大多数没有争斗。

　　所有可怕的大象女士都摆出了拥有绝对特权的架势。女神家庭的家长乌舒拉赢得了最具攻击性奖。它先是昂着头，伸着耳朵，然后又摇着头，啪啪地甩着它令人印象深刻的耳朵，向那些不迅速离开那条看不见的、划定有特权者接触水源的线的大象发动了攻击。然而，尽管它付出了种种努力，但最高的位置还是被运动员家庭的米娅夺取了。

　　年复一年，这些支配互动在家庭群体内部和家庭群体之间开展的方式的明确性质吸引着我的注意力。在这一季里，怀诺纳继续遭受着演员家庭施加的恐惧，甚至是在演员家庭遭受来自其他高等级家庭逼迫的时候，她也会首当其冲遭殃。在来这里喝水的三个家庭里，演员家庭是等级最低的。但是，它们非但没有团结起来对抗其他家庭，家庭内部的不合还非常明显。虽然有可以容纳整个家庭的空间，但怀诺纳、它的幼崽莉莎以及它的小团体的其他成员被演员家庭高等级的雌性大象赶出了水坑。它们被迫站在空地附近，等待其他大象离开，才敢到水质不好的水坑里喝水。

　　这一观察又让我想起了王室的问题。如果大象家庭内部的等级是按照年龄形成的，那么家长一个堂妹就有可能成为下一代领导人，而非家长的女儿或小妹妹。果真如此，那么大象中的领导权就不是由遗传而得的（裙带关系的），而更多的是以知识（最老的被认为最聪明）为基础的。果真如此，王室的概念就可以被排除了。

　　然而，正如我以前提到的那样，根据最佳觅食理论，为了确保集团所需的食物（在这一案例中，则是水），家庭规模将受到外在的限制，暗示裂变可能并不是一个被动的过程。如果情况的确如此，那么标准又该如何划定呢？有两种互相竞争的假说，并且都有可能是真的。其一，当制造分裂的时候到了，家长的直系后裔会得到优待，关系比较疏远的个体则会被边缘化，直到它们被迫创建自己的核心群体。其二，无论关系远近，那些拥有比较牢固的社会关系的长者（如果家庭内部的支配纯粹基于个体的个头，也就是年龄）会团结在一起，迫使那些没有优势（从属的）个体离开。

　　最近的一项研究表明，卵巢周期的长度随社会地位而变化，暗示地位有可能影响到繁殖的成功。这一情况在其他物种里已经有了大量实证，但在大象里还没有。因此，当事态严重时，在决定地位的问题上，并且也许作为一个结果，在有关繁殖行为的问题上，血是否浓于水？

为了应对这个问题的一个方面，我们采取了一系列焦点扫描观察，来验证相比于下属的幼崽，家长的幼崽是否受到了优待。我们可以始终一致衡量的第一种情况是，幼崽可以远离它的母亲多远，在此需要把幼崽的性别、年龄以及母亲的等级也考虑在内。

在仔细分析了数据后，我们发现，占支配地位的妈妈的幼崽远离的距离比低等级妈妈的幼崽远。有没有可能，支配力较强的妈妈的幼崽被赋予了更多的活动余地？它们是否因为总体上受到了优待而变得比较自信？我们时常看到，由于过于远离，或靠近高等级雌性大象的幼崽，低等级的幼崽遭到了攻击。如果这样的区别对待存在于低等级的幼崽和高等级幼崽之间，那么就会牵出另一个问题，即：鉴于它们在成长过程中在家庭内受到的不平等待遇，那么在成年后，同等年龄或年龄不同的雌性幼崽将怎样互相对待。它们真的会放弃一种先前由社会界定的等级，并按照年龄而非血统来重新决定等级吗？

就与母亲的等级相关的幼崽早期发展和社会性，我们正在计划更为详尽的研究，并正在进行亲缘研究，以便更彻底地解决这些问题。与此同时，我们也有机会目睹了上一季三个低等级的幼崽出生之后发生的情况，以及三个从属的妈妈为了生存而采取的有趣的解决办法。

怀诺纳拥有它内部的母系血统支持团体，其中包括它女儿和它女儿的幼崽，以及怀诺纳半大的、3/4大小的雄性后裔。在上一季里，当怀诺纳生莉莎时，怀诺纳被直系亲属外的家庭成员疏远了。从那时起，它显然也主动疏远了其他家庭成员。虽然它仍旧和它们协调行动，

低等级的波拉和它新出生的幼崽布鲁斯被高等级的纳蒂亚推出了水坑。

通常会在其他家成员喝水之时或之后来喝水，但是，如果其他家庭成员不离开，它绝不尝试靠近最佳的饮水点。就高等级的家庭成员对它的虐待，它似乎已经找到了应对办法。很显然，它已经开创了它自己的母系群体。

在格丽塔和它一岁的幼崽格劳乔的案例中，一个半大的雌性大象（可能是格劳乔的姐姐）一直在保护着存在风险的格劳乔。如果格丽塔畏缩不前，那么当占支配地位的家庭成员欺负格劳乔时，格劳乔的姐姐就会站到它的身旁。鉴于格丽塔似乎和一个高等级小派别有联系，并且从它从未尝试脱离群体，那头六岁左右的雌性大象就成了格劳乔的幸运和守护天使。

怀孕的、高等级的苏珊具有攻击性地赶走了同样怀孕的、低等级的怀诺纳，让怀诺纳无法喝水。

　　最后，就是运动员家庭的波拉和它的幼崽布鲁斯。上一季末的情况显得很凄凉，然而它们居然挺过了那一年。波拉并不享有内在的直系后裔支持体系。它的解决办法是完全脱离家庭，同时凭借来自它的家庭、在上一季曾欺负过它的雌性大象纳蒂亚以及一头我以前从没见过的年长的雌性大象的支持以开创自己的家庭。这头我们没见过的母象也有一个一岁的幼崽，它们组成了一个挺不错的小联盟。在这个小联盟里，两个幼崽可以正常地从事社交活动。我们上一季从没看见过布鲁斯进行社交活动；只要它试图靠近其他幼崽，就会受到家庭内的高等级雌性大象的阻挠。这一季，它的社交状况大大改善了。

　　鉴于大象的寿命和人差不多，并且被认为在认知能力上和人不相上下，那么它的社会生活极其复杂就不足为奇了。大象社会的结构受到了环境限制、捕食压力、关系的强度、亲属与否的影响，并且这有可能每天都会发生变化，就像人那样。也许，与生活在水源充沛或偷猎压力更大的环境中的大象相比，埃托沙的大象的家庭性质是由不同的参量界定的。无论如何，大象都显然无法避开家庭政治的影响。

新的开始

怀诺纳的新宝贝儿莉莎。

穆沙拉的白沙在一轮几乎正在变成半圆的月亮下泛着光。铁匠麦鸡的声调高但不响亮的叫声盖过了细长的欧石（石头麻鹬）的反对。七只雄性大羚羊一个跟着一个，巨大的喉垂摆动着，膝盖发出钟声一样的咔嚓声，暗示了它们的战斗力。

时间虽然很早，刚到上午 8 点，但我已经累了。我的第一组人那天早上已经离开，而我也盼着在 2013 季下一阶段开始之前，过几天清静的日子。我想强迫自己挺着，写点儿东西，但营地繁忙时喋喋不休的声音在我脑海里挥之不去，让我很难集中注意力。营地内的喋喋不休和营地外的喋喋不休（冕麦鸡的字筑巢地址上的叫声，以及就在营地附近度蜜月的狮子的叫声）交织在一起，让人觉得穆沙拉没那么宁静了。

虽然有各种喋喋不休，但我想起了约翰尼斯这头大象。它已经在这天早些时候出现过了。我从 2010 年以来就没再见过它，当时格雷格还没有受伤。回想一下，我想起了过去那些美好日子的很多充满感情的回忆。回到 2006 年，约翰尼斯、格雷格、豁鼻形影不离。我们把它们三个称作智者。它们每次来访，格雷格和约翰尼斯都会就由谁决定离开水坑的方向和时间而发生争执。这天下午，我看到，在格雷格缺席的情况下，在由亚伯、基斯、贝克汉姆构成的团队中，约翰尼斯做出了离开的决定，但当别的大象没有跟随它时，它又折了回来。看到这种境况，我被逗乐了。

自从我把注意力从声学和家庭群体的发声转移到雄性大象社会的内在运作机制以来，时间已经过去了 10 年。随着时间流逝，我发现自己越来越想知道一些不可能知道的事情。我甚至发现自己想离开科学和理性的王国，进入星际迷航剧本，和大象说话，就像电影《星际迷航 4》（*Star Trek IV*）中和外星人交流的鲸那样。一个科学家不应该有这种空想的想法，但我就是忍不住。我想理解大象的头脑，但我知道，以我手头的那些糟糕的工具，我在这方面难有作为。

在和亚伯、基斯、坏脾气的贝克汉姆喝了很长一阵子水后，约翰尼斯向南边走去。当意识到别的大象没有跟上来时，它停了下来，把鼻子搭在了长牙上，停了差不多半个小时。我盯着这头站在远方、好似巨石的大象，想知道它在想什么。它好像左右为难，不知道是应该冒着接下来几天孑然一身的危险独自离开，还是该回来，第二次集合它的同伴，走上它选择的路线。由于大象是有习惯的生物，我预言它会回来，再喝一阵子水，第二次尝试让那两头大象跟随它。我的预言应验了。

回想起来，约翰尼斯一直喜欢发离开的信号，但它发的信号总是被无视。这又让我想起，在 2006 年这个湿润的年份里，当格雷格的统治遭到削弱时，它发出的信号也是如此。它曾经在空地的边缘跺脚、摇头，但就连它最忠诚的追随者基斯和蒂姆都视而不见。回来挽回面子肯定对它们两个中的任何一个都绝非易事，尤其是格雷格，那个宝座不稳的王者。

回到水坑，亚伯和基斯已经受够了贝克汉姆在水坑旁做的挑衅动作，到西边的一个除尘的水坑去了。在去那个水坑的路上，经过贝克汉姆身边时，基斯把阴茎弯了起来。在彻底除尘后，它们中的两个举行了一个奇怪的仪式。去年那一季末，当我们正在整理营地时，我见到了这一仪式最富戏剧性的上演。

基斯和亚伯站在那里，彼此形成了 90° 的夹角，一动不动，鼻子拖在地上，好像按照一种罗盘方位排列着。去年，基斯、亚伯、威利、戴夫做了同样的事情，按照四个方向排列。这四头大象就这样进行了一个小时，定期改变角度，重新把鼻子拖到地上。鉴于它们构成了格雷格的核心圈子，我再一次怀疑它们是在寻找它，寻找一个死去的王者引发震动的咕噜声的迹象或脚印，就像大象的某种歌谣中的小径（按照澳大利亚原住民的信仰）。

大象肯定无法发出《星际迷航》里那种传送光线和通信信号。但是，最近有一篇文章描述了狗沿着磁南—北轴排列，以纾解自身。这让我想进一步挖掘磁学文献，寻找关于大型哺乳动物探测罗盘方位的能力的已知情况。结果证明，牛群也会按照罗盘方位排列。我怀疑大象可能也拥有这种能力。果然如此，它们又是出于什么目的呢？

就为了达到一种具体的目的而协调行动来说，它们协调空气中和地面上的次声能量，做出了令人印象深刻的事情。我们发现，通过协调它们重复的叫声，一个个体叫了之后另一个立即接上，大象把一种信号持续的时间提高了至少三倍。众所周知，较长信号的重复能够让在远处探测这样的信号变得比较容易。难怪大象是远距离通信的大师。磁感应将会使它们的通信再上一个新台阶。我又观察了一会儿这种奇怪的、协调一致的行为，想知道它们的感应能力是否比迄今为止已知的情况更令人惊讶。

在 2012 季末的很多时间里，格雷格最亲密的伙伴经常按照罗盘的方位排列，鼻子拖在地上，一动不动，但时断时续地咕噜，好像在寻找它们的王者格雷格。

　　但是，最好还是为我已经知道的大象的情况感到惊奇吧。此外，确定一个 17 米长的声波的来源绝非易事，因为那种长度的相位角太浅了。这些相位角太浅，让我们难以分辨方位，因为我们耳朵之间的距离太小，两个传感器之间仅相距约 10 厘米。大象两个耳朵之间的距离大约有半米，但仍然难以确定低频率的声响。其结果是，在探测振动信号时，它们只有把前后脚用作感觉器官，以便把传感器之间的距离增大 4 倍，才切实可行。

　　看着这些大象花了那么多时间对准地面，我不禁感到一种可怕的疏忽。我意识到，在过去，我们没有充分认识到格雷格的影响。格雷格的性格也许的确是把他的庞大武装团结在一起的关键因素，并且我想回顾象群之王为达成这一点所采取的每个维持和平的策略。例如，它因为凯文不守规矩而惩罚凯文；或者，它允许一头非常年轻的雄性大象舔它的鼻子，在它下面潜行，和它一起在水槽头喝水。我根本没想到，在研究的这个节骨眼儿上，它居然消失了。要知道，这可似乎是它政治生涯的顶峰啊。

　　那是一个时代的终结。不仅如此，还出现了一些悬而未决的问题，比如王者是否会被取代，被谁取代，如何界定下一个时代。我们好像处在了一个十字路口。新的王者要想巩固它的地位，开启雄性俱乐部的新篇章，这将需要一些时间。虽然查尔斯王子上一季做出了最大的努力，但它好像没能获得保持最高地位、维持一个群体所需的立足点。这一季，为了集合少年雄性俱乐部的成员（最近离开它们的家庭，加入雄性俱乐部的雄性大象），卢克竭尽所能。但是，它似乎没有获得达到这一点所需的年长的雄性大象们的尊敬。

王者的位置有待争夺，但与此同时，至少在一些问题上，已经有了令人满意的结局。例如，事实证明，奥兹的睾丸激素水平并没有超出发情的雄性大象的一般值。也许，有一种独一无二的外激素告诉冒烟儿，这个放肆无礼的小家伙不好惹。从发情的雄性大象的粪便中搜集挥发物（可以通过气味被探测到的有机化合物）也许能够帮助我们理解冒烟儿对奥兹夸张的发情行为的恐惧。当迈克和或贝克汉姆发情时，冒烟儿从来没有这么不安过。但是，性格也许再次起了作用。发情的迈克并不是奥兹那样的发情蒸汽火车，就连睾丸激素似乎都治愈不了迈克犹犹豫豫的行事风格。虽然贝克汉姆并不是一头性情温和的雄性大象，但迈克的性格让贝克汉姆认定其不会构成威胁。

上一季的另外一个问题也离解答更近了一步，那就是怀诺纳对演员家庭的准独立状态。它找到了在边缘活动的办法，足以为它的新幼崽莉莎提供社交机会。莉莎具有一种像是土生土长的纽约佬的那种放肆。它问候高高在上的老柯克船长，在那个扩大的家庭的同辈和长辈中间畅行无阻，知道如何躲避傲慢的苏珊的刺戳。在一次泥巴浴中，它还成功应对了势不可当、不知道克制的格劳乔。当时，格劳乔正要坐在它身上。

格雷格和新加入的大象坚强男孩的温馨一刻，展示了它对年轻大象的亲切。

　　就连波拉和布鲁斯也挺过了它们的艰难岁月，只是解决办法稍有不同。我们兴奋地看到，每当它们进来时，布鲁斯都会和它的新伙伴好好来一场嬉戏，来一次泥巴浴，看上去越来越健康。在大象的国度里，一切又都显得和谐了。

　　我知道我现在对大象的了解到了何种程度。这让我很难回想起，在那些早期岁月里，当我生活在这个国家的卡普里维地区时，我感觉到的我和它们之间的距离。但是，卡普里维的大象是一种和埃托沙的大象大为不同的动物。卡普里维的大象社会处在不确定的人类政治的边缘；埃托沙的大象社会依然记得过去的情况，并有望延续下去，即使仅仅局限于埃托沙国家公园缩小的范围内。正如环境界定了一个人和他的文化，大象也显然如此。

　　与此同时，无论我是否在那里见证雄性俱乐部迅速变化的社会状况，是否年复一年地记录政治的变化，雄性俱乐部的肥皂剧都会继续上演。我只是希望，我能在某种程度上依然属于这里，继续我的熬夜，只要我能够找到支撑这种熬夜的办法，只要大象们欢迎我回来。

　　7月的寒冷终于降临。我睁着眼睛躺在那里，倾听着七只吃饱喝足的雄性大羚羊撤离的声音。当它们消失在远方时，它们的膝盖机械似的重复声在寒冷而干燥的空气中回荡，缓慢但决定性地暗示了夜晚的流逝。

　　过了一会儿，一阵轻风拍打了营地的墙，听起来再一次像帆的上下摆动。我再一次被送回了我们的穆沙拉大船，大桅杆上的升降锁铿锵有声。然后，一阵更加稳定的风吹来，让我保持了清醒。我乘坐的那艘船上下颠簸，驶上了一条未标明的航线。

　　我在心里调转了那艘船，让帆鼓满，驶向南方，追逐着因为睾丸激素而发狂的奥兹，追逐着形容枯槁的凡妮莎和它精疲力竭的幼崽蕾妮。也许，我能把凡妮莎从它十多岁的、梦魇般的求爱者奥兹那里赶走，或至少能够把它的幼崽从它不幸的困境中拯救出来。

　　很难想象，凡妮莎气度不凡，似乎在演员家庭中扮演着国务卿的角色，居然会把奥兹视为一个合适的伴侣。论年龄和体格，发情的冒烟儿都至少是奥兹的二倍，却不受凡妮莎的青睐。如果雌性选择真的起作用，那么其作用肯定不够强。我的脑海里翻腾着太多尚未得到回答的问题，但雌性发情仅持续几天（这里面也许有合理的理由）让我得到了宽慰，因为观察凡妮莎和它的家庭的混乱让人非常疲惫。

　　我想象自己驾着穆沙拉，驶入了银色的夜里。在变化不定的风中，南十字星座仍旧指引着我，去寻找谁将成为下一个象群之王这一问题的答案。

致

谢

如果没有我亲爱的、绝大多数"罪行"中的同伙蒂姆·罗德韦尔（Tim Rodwell）持续的支持与合作，没有我当时的硕士生科琳·金兹利（Colleen Kinzley）的热忱、奉献、对雄性大象身份识别的热衷，没有我的前博士后同伴贾森·伍德（Jason Wood）的知识兴趣和善于分析的眼光，没有和导师罗伯特·萨波尔斯基（Robert Sapolsky）、萨姆·瓦塞尔（Sam Wasser）、苏尼尔·普雷亚（Sunil Puria）进行的探讨，这本书里描述的研究将不可能进行。这项研究也受益于和一些合作者、同事的交流，其中包括弗朗西斯·斯蒂恩（Francis Steen）、弗兰斯·德瓦尔（Frans deWaal）、罗伯特·杰克勒（Robert Jackler）、温迪·特纳（Wendy Turner）、唐娜·布莱（Donna Bouley）、玛吉·维希涅夫斯卡（Maggie Wisniewska）、芭芭拉·达兰特（Barbara Durrant）、凯瑟琳·格布士（Kathleen Gobush）、丽贝卡·布斯（Rebecca Booth）、沃纳·克里安（Werner Kilian）、威尔弗雷德·福斯菲尔德（Wilferd Fersfeld）、乔治·威特梅尔（George Wittemyer）、乔伊斯·普尔（Joyce Poole）、伊恩·道格拉斯-汉密尔顿（Ian Douglas-Hamilton）。

由于多年以来纳米比亚环境与旅游部职员的支持，这项研究也得到了很大促进，尤其是沃纳·克里安（Werner Kilian）、皮埃尔·杜普雷（Pierre duPree）、约翰尼斯·凯普纳（Johannes Kapner）、伊曼纽尔·卡博菲（Immanuel Kapofi）、雷哈比姆·艾尔柯基（Rehabeam Erckie）、威尔弗雷德·福斯菲尔德（Wilferd Versfeld）的支持。

我想感谢我在这一项目上的第一个经纪人约翰·迈克尔（John Michel），他在精神上从未离开过我，只是他的身体离开了这个行业；感谢安·道纳-哈兹尔（Ann Downer-Hazell）和安德鲁·鲍尔森（Andrew Paulson），他们都曾在适当的时间从编辑变成了经纪人；感谢肯·赖特（Ken Wright），他在短暂担任我的经纪人期间给予了我鼓励，后来又做起了编辑。出版界真的是在不断变化。我想感谢芝加哥大学出版社的编辑克里斯蒂·亨利（Christie Henry），在付梓之前，他多次校阅手稿；也要感谢我的文字编辑伊冯娜·齐普特（Yvonne Zipter），以及芝加哥大学的设计团队。

我也希望表达对丹·奥康纳（Dan O'Connell）的感激，他是我行文严谨的同伴、编辑、词源学家、父亲，不分昼夜地帮助我盯紧目标，使我不至于错过截止日期；对我母亲艾琳的感激，她热忱地和我分享了她严谨的行文；对我的姑姑、前新泽西高等法院法官多丽的感激，她是这本书各章节定稿的"读经师"，非常警觉，追求明晰。我还要感谢我的兄弟、和奴光电（HNu Photonics）总裁丹·奥康纳，感谢他对我的大象的痴情的支持，他创造性的启发，他在我们的振动收听设备、偷猎探测设备上的合作。

最后，我想感谢大象贵妇，谢谢它不断近距离、亲自提醒我，大象和人类有很多共同点；以及穆沙拉的大象，尤其是格雷格。这本书就是献给格雷格的。

这一正在进行的研究之所以能够开展，离不开贡献了志愿项目参与者、实习生、学生的乌托邦科学网站（www.utopia.scientific.org）的支持。佐治亚大学（Georgia College）的玛莎·丹尼尔·纽维尔杰出访问学者项目（Martha Daniel Newell Visting Distinguished Scholar Program）使我有时间完成这一手稿的写作。对这个研究项目的成功而言，2005—2014 年斯坦福大学副教务长本科教育（VPUE，Vice Provost for Undergraduate Education）教师和研究生补助金是必不可少的。西维尔研究所（Seaver Institute）的慷慨资助使我能在早期就把研究时间集中在这一工作上，而这种早期工作为持续的研究奠定了基础。还有一些机构提供了数额较小的资助，其中包括国家地理学会（National Geographic Society）、萨义德基金（Scheide Fund）、美国渔业及野生动物局非洲大象研究基金（U.S. Fish and Wildlife Service African Elephant Research Fund）。对我们正在进行的项目而言，奥克兰动物园保护基金（Oakland Zoo Conservation Fund）、纳多沃基金（Ndovo Foundation）的支持也很重要。

激素分析是在华盛顿大学萨姆·瓦塞尔实验室（Sam Wasser's Lab）、圣迭戈动物园保护研究所（San Diego Zoo Institute for Conservation Research）做的。

这本书的很多部分起源于我写的一些文章和博客内容，其中包括：

"Casting Words in Nature's Best Light," *Writer Magazine*,November 2009

"How Male Elephants Bond," *Smithsonian Magazine*,November 2010, http://www.smithsonianmag.com/science-nature/how-male-elephants-bond-64316489/?no-ist

"Return to the Elephant Club," *Scientist at* Work(blog),*New York Times*,July 20, 2011,http://scientistatwork.blogs.nytimes.com/2011/07/20/return-to-the-elephant-club/

"Ritualized Bonding in Male Elephants," *Scientist at Work*(blog),*New York Times*,July 21,2011,http://scientistatwork.blogs.nytimes.com/2011/07/21/ritualized- bonding-in-male-elephants/

"Carrots and Sticks in Elephant Land," *Scientist at Work*(blog),*New York Times*,July 25,2011,http://scientistatwork.nytimes.com/2011/07/25/carrots-and -sticks-in-elephant-land/?Phb=true&_type=blogs&_r=0

"Rules of Engagement in the Elephant World," *Scientist at Work*(blog),*New York Times*,September8,2011, http://scientistatwork.blogs.nytimes.com/2011/09/08/rules-of -engagement-in-the-elephant-world/?Phb=true&_type=blogs&_r=0

"Bromance and Bullies," *Africa Geographic*, March 2012

"Ranks in the Elephant Society," *Scientist at Work*(blog),*New York Times*,July 13, 2012, http://scientistatwork.blogs.nytimes.com/2012/07/13/ranks-in-the-elephant -society/ # more-20418

"The Darker Side of Elephant Country," *Scientist at Work*(blog),*New York Times*, July 27, 2012, http://scientistatwork.blogs.nytimes.com/2012/07/27/

the-darker-side-of -elephant-country/ # more-20761

"Winding Down the Elephant Season," *Scientist at Work*(blog),*New York Times*, August 21, 2012, http://scientistatwork.blogs.nytimes. com/2012/08/21/winding-down-the -elephant-season/

"The Meanest Girls at the Watering Hole," *Smithsonian Magazine*, March 2013, http://www.smithsonianmag.com/science-nature/the-meanest-girls-at-the-watering -hole-23122756/

"Family Strife," A Voice for Elephant(blog), National Geographic,July 27, 2014, http://newswatch.nationalgeographic.com/2014/07/27/family-strife/

"On the Nature of Family" (tentative title), *Slate*, forthcoming, spring 2015

见识丛书

科学　历史　思想